安徽师范大学经管学术论丛

低碳经济范式下的环境保护评价研究

王文哲 著

中国财经出版传媒集团
经济科学出版社
Economic Science Press

图书在版编目（CIP）数据

低碳经济范式下的环境保护评价研究／王文哲著.
—北京：经济科学出版社，2017.9
（安徽师范大学经管学术论丛）
ISBN 978-7-5141-8439-6

Ⅰ.①低… Ⅱ.①王… Ⅲ.①环境保护–环境质量评价–研究–中国 Ⅳ.①X321.2

中国版本图书馆 CIP 数据核字（2017）第 225396 号

责任编辑：侯晓霞
责任校对：隗立娜
责任印制：李　鹏

低碳经济范式下的环境保护评价研究
王文哲　著
经济科学出版社出版、发行　新华书店经销
社址：北京市海淀区阜成路甲 28 号　邮编：100142
教材分社电话：010-88191345　发行部电话：010-88191522
网址：www.esp.com.cn
电子邮箱：houxiaoxia@esp.com.cn
天猫网店：经济科学出版社旗舰店
网址：http://jjkxcbs.tmall.com
北京密兴印刷有限公司印装
710×1000　16 开　11.25 印张　160000 字
2017 年 9 月第 1 版　2017 年 9 月第 1 次印刷
ISBN 978-7-5141-8439-6　定价：36.00 元
（图书出现印装问题，本社负责调换。电话：010-88191510）
（版权所有　侵权必究　举报电话：010-88191586
电子邮箱：dbts@esp.com.cn）

前　言

自从工业革命以来，人类创造了巨大的物质财富，环境的负外部性问题也越来越突出，元凶就是以二氧化碳为主的温室气体排放增加。2003年英国提出了旨在降低温室气体排放的"低碳经济"，世界各国也纷纷开始减少温室气体排放的行动。在传统高碳经济发展模式受到严重质疑和挑战下，发展低碳经济成为各国进行经济转型的新起点。本书基于低碳经济和环境保护提出了低碳型环境保护指标评价体系和与之相关的低碳城市评价体系。

研究首先介绍了当前经济发展状况和气体变暖的背景，对低碳经济发展相关研究和国外低碳经济发展经验进行了综述，在生态承载力理论，资源、环境、经济系统理论，新马尔萨斯人口理论环境库兹涅茨曲线等相关理论指导下，研究低碳经济和环境保护。

通过对1985~2008年内生产总值、能源消费和二氧化碳排放量的时间序列分析得出，GDP是引起能源消费增加的原因，能源消费增加则不是GDP的原因，能源消费的增加是二氧化碳增加的原因，GDP与二氧化碳排放量增加的因果关系并不显著。因此，理论上可以实现经济增长与能源消费增加的脱钩，进而实现经济增长和二氧化碳排放的脱钩，降低温室气体排放。

在环境质量评价模型基础上，通过分析温室效应及其作用机理，引入生态承载力概念，建立起以二氧化碳为主的温室气体排放的压力—状态—响应（PSR）模型，分析二氧化碳排放对整个经济社会的作用过程。从而，温室气体排放使得生态承载力越来越逼近极限，自然环境不断对社会发出预警信息，这需要全社会行动起来，做出应对二氧化碳排放持续增加的行动。

在分析了Kaya公式后，采用灰色关联模型分析我国二氧化碳排放的影响因子，得出：能源消费对二氧化碳排放影响最大，其次是GDP，然后是人口数量、固定资产投资和居民消费。考虑到经济发展和环境保护的双赢，可从改善能源消费、控制人口数量、调节固定资产投资和引导居民消费方向等降低碳排放。

在前面分析的基础上，根据科学性、系统性、可行性等原则，建立了低碳环境保护指标体系，构建以经济发展指标、低碳（科技）发展指标、社会发展指标、环境指标和政策指标为主的指标评价模型，从经济、科技、社会、环境和政策几个方面反映地区低碳型环境保护程度，评价和保护经济发展中的生态和人文环境。实证数据显示，我国低碳型环境保护综合评价指数连年递增，说明我国在发展低碳型环境保护方面快速提高。在此基础上，建立了低碳城市评价模型，以长沙为例进行了实证评价，提出了低碳城市建设路线图和实现路径。从理论上建立了低碳农业评价模型。

在分析借鉴英国、美国、日本等国家发展低碳经济的实践基础上，针对我们在发展低碳经济现实情况，从优势、劣势、机会和威胁四个方面采用 SWOT 分析方法进行了战略分析。最后，依据评价模型提出我国低碳经济下环境保护的路径选择：加强碳源碳汇管理，推动发展低碳技术，引导公众参与低碳环保和强化国际合作等。

王文哲
2017 年 6 月

目　录

第1章　绪　论 ……………………………………………………（ 1 ）

　1.1　研究背景 ………………………………………………（ 1 ）
　1.2　研究目的和研究意义 …………………………………（ 5 ）
　1.3　文献综述 ………………………………………………（ 6 ）
　1.4　研究内容和技术路线 …………………………………（ 12 ）
　1.5　本章小结 ………………………………………………（ 14 ）

第2章　低碳经济基础理论 ……………………………………（ 16 ）

　2.1　外部性和公共物品理论 ………………………………（ 16 ）
　2.2　资源与环境经济学理论 ………………………………（ 18 ）
　2.3　循环经济理论 …………………………………………（ 25 ）
　2.4　技术创新理论 …………………………………………（ 26 ）
　2.5　本章小结 ………………………………………………（ 27 ）

第3章　我国低碳经济发展的协调性分析 ……………………（ 29 ）

　3.1　时间序列模型 …………………………………………（ 29 ）
　3.2　时间序列检验 …………………………………………（ 31 ）
　3.3　低碳经济发展协调性分析 ……………………………（ 35 ）
　3.4　本章小结 ………………………………………………（ 42 ）

第4章　温室效应及二氧化碳排放的因子分析 ………………（ 43 ）

　4.1　温室效应 ………………………………………………（ 43 ）
　4.2　二氧化碳排放的 PSR 模型 …………………………（ 45 ）
　4.3　二氧化碳排放的因子分析 ……………………………（ 52 ）

4.4 本章小结 …………………………………………………………（59）

第5章 低碳型环境保护指标评价 ……………………………（60）
5.1 指标评价设置原则 ………………………………………………（60）
5.2 低碳型环境保护指标评价设计 …………………………………（62）
5.3 指标数值处理 ……………………………………………………（67）
5.4 指标权重选择 ……………………………………………………（69）
5.5 评价模型 …………………………………………………………（74）
5.6 2004~2008年低碳型环境保护评价 ……………………………（74）
5.7 本章小结 …………………………………………………………（82）

第6章 低碳城市指标评价 ………………………………………（83）
6.1 低碳城市概述 ……………………………………………………（83）
6.2 中国低碳城市实践 ………………………………………………（84）
6.3 低碳城市指标评价 ………………………………………………（86）
6.4 国外经验对中国的启示 …………………………………………（93）
6.5 低碳城市建设路线 ………………………………………………（94）
6.6 低碳城市实现路径 ………………………………………………（98）
6.7 本章小结 …………………………………………………………（102）

第7章 低碳农业评价 ……………………………………………（104）
7.1 低碳农业含义 ……………………………………………………（104）
7.2 研究综述 …………………………………………………………（106）
7.3 低碳农业指标评价 ………………………………………………（107）
7.4 我国低碳农业发展思路 …………………………………………（115）
7.5 本章小结 …………………………………………………………（115）

第8章 国际低碳经济发展模式与实践 …………………………（117）
8.1 英国：低碳经济的先行者 ………………………………………（117）
8.2 美国：立法加巨额投资 …………………………………………（119）
8.3 欧盟：新经济政策和就业增长点 ………………………………（122）
8.4 日本：强化低碳，建立低碳社会 ………………………………（125）

- 8.5 联合国：积极推行低碳经济 …………………………………… (130)
- 8.6 低碳经济发展的国际经验总结 ………………………………… (134)
- 8.7 本章小结 ………………………………………………………… (134)

第9章 基于低碳经济的环境保护路径选择 ……………………… (136)

- 9.1 我国发展低碳经济的 SWOT 分析 …………………………… (136)
- 9.2 环境保护的制度演变 …………………………………………… (142)
- 9.3 碳源和碳汇管理 ………………………………………………… (144)
- 9.4 政策和法律环境 ………………………………………………… (146)
- 9.5 低碳技术发展 …………………………………………………… (147)
- 9.6 低碳环保的公众参与 …………………………………………… (148)
- 9.7 国际合作 ………………………………………………………… (151)
- 9.8 本章小结 ………………………………………………………… (152)

第10章 结论与展望 …………………………………………………… (153)

- 10.1 全书总结 ……………………………………………………… (153)
- 10.2 创新点和研究不足 …………………………………………… (155)
- 10.3 研究展望 ……………………………………………………… (157)

参考文献 ………………………………………………………………… (159)

第1章 绪 论

1.1 研究背景

2009年落下帷幕的哥本哈根会议让更多的人知道了"低碳"这个新名词,而2010年的"两会",则在中国掀起了一股"低碳经济"热。"低碳经济"最早是在2003年的英国能源白皮书《我们能源的未来:创建低碳经济》中提出来的,作为第一次工业革命的先驱和资源并不丰富的岛国,英国充分意识到了能源安全和气候变化的威胁,宣布到2050年从根本上把英国变成一个低碳经济国家。这一提法迅速获得世界范围的认同和推广。19世纪末科学家阿累尼乌斯提出"化石燃料燃烧将会增加大气中二氧化碳的浓度,从而导致全球变暖"的假说[①]。2007年,联合国政府间气候变化专门委员会(Intergovernmental Panel on Climate Change,IPCC)所做的气候变化第四次评估报告证实了这一假说,认为到2050年必须将大气中二氧化碳浓度控制在一定的水平内,才可能避免发生极端气候变化后果。

全球气候系统是一个由大气圈、水圈、岩土圈和生物圈组成的复杂系统,引起气候系统变化的原因概括起来可分成自然的气候波动与人类活动的影响。工业化以后,人类活动显著地加剧了气候变化的进程。随着全球人口和经济规模的不断增长,能源使用带来的环境问题及其诱因不断地为人们所认识,烟雾、光化学烟雾和酸雨等的危害,大气中二氧化碳浓度升高带来的全球气

---

① 邢继俊,赵刚. 中国要大力发展低碳经济[J]. 中国科技论坛,2007,(10):87-92.

候变化业已被确认为不争的事实①。由于人为排放的二氧化碳等温室气体，引起了全球气候变暖，反过来又影响到人类自身的生存和发展。气候变化使农业生产下降，饥荒和疾病接踵而来，疟疾、霍乱、伤寒和脑炎在温带蔓延，生物多样性受到巨大影响，大量野生物种面临灭绝……对经济社会可持续发展带来严重的挑战，深度触及农业和粮食安全、能源安全、生态安全、水资源安全和公共卫生安全。一个更危险而往往被人忽视的事实是，全球变暖可能进入恶性循环，如果我们跨越了自然界大规模碳排放的临界门槛，后果不堪设想。降低碳排放强度就成为保护我们共同的地球的客观需要，推行低碳环保也是人类社会持续发展的要求。

在经济高速增长过程中，大量开发利用化石能源的结果是大气二氧化碳浓度显著提高，局部的、区域的乃至全球的环境受到威胁而严重退化。过多过滥、粗放式地使用资源，造成单位能耗与单位资源耗量过高，资源枯竭进一步加深。因此，发达国家把应对气候变化的重点放在节能、开发利用可再生能源、电动汽车等领域的技术开发上，正是出于对能源资源可持续利用的考虑。正如世界环境与发展委员会在《我们共同的未来》报告中曾指出的：世界所面临的不是彼此孤立的危机，环境、发展和能源的危机是三位一体的。

1992年5月，联合国政府间谈判委员会就气候变化问题达成了《联合国气候变化框架公约》（简称《公约》），其目标是减少温室气体排放，减少人为活动对气候系统的危害，减缓气候变化，增强生态系统对气候变化的适应性，确保粮食生产和经济可持续发展。1997年12月，《公约》第3次缔约方大会在日本京都召开，149个国家和地区的代表通过了《京都议定书》。规定从2008～2012年期间，主要工业发达国家（《京都议定书》附件2中列明的

---

① 2010年初，美国东北部83厘米降雪打破了1969年创下的76厘米的降雪纪录，英国经历了自1981年以来时间最长的一次寒潮。韩国大部分地区迎来了自1937年有记录以来积雪最厚的一次大规模降雪。中国北京也连续降雪，气温达到40年来最低。寒冷的天气与公众心目中对"气候变暖"的印象形成了极大的反差，国际气候学界也掀起新的探讨和争议。气候学家认为，人类对于气候变化的研究还刚刚起步，研究资料不足，模式还不清晰，很多问题尚无法定论或存有争议，需要进一步的科学研究。不过越来越多的人接受了这是趋势性的事实。

38个国家）的温室气体排放量必须在1990年的基础上平均减少5.2%。2007年12月，第13次缔约方大会在印度尼西亚巴厘岛举行，着重讨论"后京都"问题，即《京都议定书》第一承诺期在2012年到期后如何进一步降低温室气体的排放。2008年12月，第14次缔约方大会在波兰波兹南市举行，八国集团领导人就温室气体长期减排目标达成一致，共同寻求与《公约》其他缔约国实现到2050年将全球温室气体排放量减少至少一半的长期目标，并希望在《公约》相关谈判中讨论并通过这一目标。2009年12月，联合国气候变化大会在丹麦首都哥本哈根举行，在艰难中通过了《哥本哈根协议》。《哥本哈根协议》维护了《公约》及其《京都议定书》确立的"共同但有区别的责任"原则，同时就发达国家实行强制减排和发展中国家采取自主减缓行动做出了安排，并就全球长期目标、资金和技术支持、透明度等焦点问题达成广泛共识，为进一步开展全球气候变化谈判提供了一个立足现实的起点。

英国于2003年最早提出"低碳经济"概念，并先后提出一系列减排目标。早在21世纪初，欧盟就开始打着防止地球气温变暖的旗号，大力推进气候变化问题的解决进程，作为其扩大在国际事务中主导地位的博弈手段。2007年欧盟战略能源技术计划通过，欧盟各国在新能源开发与利用领域大量投入，其相关产业化技术已位居世界前列。欧盟利用其相对优势，极力推进全球碳贸易市场，坚持2012年后强制性减排，以领导者姿态不断提出更高的减排目标。减排框架一旦形成，必将对全球的二氧化碳排放总量实行严格数量限制，进而左右全球经济的总规模。美国奥巴马上台后，开始重视气候控制和发展低碳经济，通过了《低碳经济法案》，强调发展新能源、减少温室气体的责任和减少对海外石油的依赖；制定低碳技术开发计划，投入巨资研发从生物燃料、太阳能设备到二氧化碳零排放发电厂的环保技术，并不遗余力地发展清洁煤计划。德国提出实施气候保护高技术战略，其环保技术产业有望在2020年赶超传统制造业，成为主导产业。日本多年来一直重视能源开发，把扶植光伏产业列入新经济刺激计划，重启太阳能鼓励政策，计划在2020年左右将太阳能发电量提高20倍，加快开发可再生能源和清洁技术，期望通过"低碳革命"和"引领世界二氧化碳低排放革命"来"建设健康长寿社会"并"发挥日本魅力"。

近年来，中国在应对气候变化方面，始终在做出自己的努力。在制定和实施国民经济和社会发展规划时，中国政府充分考虑到气候变化的因素，在促进经济发展、社会进步、人民生活水平提高的同时，积极应对气候变化。中国组织制定了《中国21世纪议程——中国21世纪人口、环境与发展白皮书》，从国情出发采取了一系列政策措施，通过实施调整经济结构、提高能源效率、开发利用水电和其他可再生能源、加强生态保护与建设以及实行计划生育等政策和措施，为减缓气候变化做出了显著贡献。从20世纪90年代初，召开联合国环境发展大会，中国是最早制定21世纪议程的国家，也是最早制定应对气候变化的国家之一。"十一五"期间，我们20%的节能减排的目标，是对全球应对气候变化的一个重大贡献，2009年，中国政府承诺到2020年中国单位GDP二氧化碳排放比2005年下降40%~45%。"十一五"期间制定和正在实施过程中的国家节能减排目标就是一个非常有效地减少温室气体排放的重大措施。单位GDP能耗强度在2006~2010年的"十一五"发展规划中第一次作为限制性指标，中国在能源效率提高上第一次有了量化的指标。这种量化的指标，使中国的能源制度监管、政策制定和战略规划有了衡量和落实的标准。在政策因素推动下，我国低碳技术创新步伐明显加快，大量资金也被吸引到能源效率和可再生能源领域。自《可再生能源法》实施以来，我国可再生能源发电装机容量和发电量逐年增长。

然而，中国迅速发展给世界带来了最大的负外部性，也形成了对中国发展的最大外部压力和制约条件，中国必须改变以煤炭为主的能源技术路线，改变黑色发展模式。目前，中国的能源结构是以煤、石油和天然气等高碳的化石燃料为主，其他诸如太阳能、风能等可再生清洁能源所占比例很小，高碳的化石能源决定了我国经济发展的"高碳模式"。随着经济的持续强劲增长，二氧化碳排放强度居高不下，引起其他国家不断对我国经济发展模式提出诸多争议。近年来，我国经济持续快速增长改变了国家形象，改善了人民生活，但我们付出了很大的资源和环境代价，破坏了经济、资源、环境的协调关系，资源和环境越来越成为经济发展的制约因素，逐渐成为影响我国经济发展和社会进步的首要因素。这种经济和社会发展模式是不可持续的，与政府提出的可持续发展和和谐发展相违背。因此，发展低碳经济，转变经济增长方式，寻找节能减排的突破口，推动我国经济发展由高碳经济向低碳、无碳经济转变，是实现科学发展、和谐发展、绿色发展的迫切要求和战略选择。发展低碳经济是从根本上切断过去二百多年工业文明时期所形成的经济发展与碳排放之间的紧密关联，使经济的发展和财富的积累不再以化石能源的燃烧来实现。我们看到，在全球出现经济增长缓慢甚至停滞或倒退，失业率上升等经济和社会危机之时，新能源、节能减排产业等低碳绿色产业蔚然兴起，成为各国经济发展的增长点，展现出强大的生命力，成为解决就业和再分配等社会问题的良方。对我国来说，应尽快把低碳经济发展纳入国家战略，通过国家意志转变宏观经济增长方式，提倡低碳生产和低碳生活，使整个社会生产生活进入低碳化轨道，促进中国生态、经济和社会有机整体的全面可持续发展。

1.2 研究目的和研究意义

全球应对气候变化行动的目标是为了维护全人类的共同利益和世界范围内的可持续发展，但由于气候政策对国家利益具有长期的重大影响，会给不同地区、不同产业带来结构性影响并可能带来严重的政治经济社会问题，所以各国为保护自身利益，在义务分担和实际行动中充满竞争与冲突。欧美发达国家大力推进以高能效、低排放为核心的"低碳革命"，提出低碳经济发展战略，并对产业、能源、技术、贸易等政策进行重大调整，以抢占先机和产业制高点。

发展低碳经济成为一种新型的经济可持续发展模式的有利选择，它意味着能源结构、产业结构的调整以及技术的革新，也是世界走可持续发展道路的重要途径。低碳经济变革已经在各国展开，这一变革涉及政府、企业、金融机构和公众等相关利益群体，是政策制定、制度安排、生产方式和消费模式的大范围变革，是社会经济结构的重构，这必将带来全球市场结构的重大调整。从表面上看，低碳经济是为了减少温室气体排放，但实质是能源消费方式、经济发展方式和人类生活方式的一次全新变革，是从化石燃料为特征的工业文明转向生态经济文明的一次大跨越。在节能减排的背后，实际上是巨大的经济得失和国际地位的更迭，而这才是驱动大国在低碳经济博弈的内在动力。

作为世界最大的、发展最快的发展中国家，中国的政策和立场必将对整个"后京都"气候谈判格局和进程产生重要影响。根据国际能源署（IEA）统计，中国2008年碳排放量达60多亿吨，已超过美国成为全球最大的碳排放国。为此，中国承担着巨大的减排压力。同时，中国位于气候变化脆弱区，气候变化对中国的威胁巨大。在气候变暖的大背景下，中国的干旱和洪涝灾害增加、冰川普遍退缩、西部山区冰川面积在过去几十年间减少了21%以上，退缩速度还在逐年加快，农业生产潜力降低，沿海地区海平面上升严重，淡水供应和水质降低……全球变暖将给中国带来直接的灾难性影响。因此，无论国际社会的共同行动如何，中国都应该采取积极的国内行动应对气候变化的威胁，这符合中国的本国利益。

低碳经济战略是从根本上改变工业文明的动力基础，使其转向新型的、清洁的、高效的非碳基能源。在中国，低碳发展符合以人为本，全面、协调、可持续发展的理念，是科学发展观的具体体现。对低碳经济发展中的环境保护研究，建立适合中国国情的低碳经济发展和环境保护道路，促进相关理论研究，降低中国未来经济发展的不确定性，具有明确的现实和理论意义。

1.3 文献综述

1.3.1 国外研究概况

2003年2月24日，英国首相布莱尔发表了题为"我们未来的能源——创建低碳经济"的白皮书，计划到2010年二氧化碳排放量在1990年水平上减少20%，到2050年减少60%，建立低碳经济社会。随后，约翰逊（Johnston）等（2005）学者探讨了英国大量减少住房二氧化碳排放的技术可行性，认为利用现有技术到21世纪中叶实现1990年基础上减排80%是可能的。尼古拉斯·斯特恩（2006）的题为"从经济学角度看气候变化"的专门报告（又称"斯特恩报告"）在广泛调研的基础上，从经济学的角度对气候变化进行了全新的审视，评估了在气候变化背景下向低碳经济转变以及采取不同适应办法的可能性，并分析了气候变化对英国等国家经济的影响。川弗（Treffers）等（2005）探讨了德国在2050年实现1990年基础上减少温室气体排放80%的可能性，认为通过采用相关政策措施，经济的强劲增长和温室气体排放的减少共同实现是可能的。卡瓦（Kawase，Matsuoka）等学者（2006）回顾和描绘了长期气候稳定的情景，将排放变化分解为三个因素：二氧化碳强度、能源效率和经济活动等，指出为实现60%～80%的减排目标，总的能源强度改进速度和二氧化碳强度减少速度必须比以前40年的历史变化速度快2～3倍。史玛达（Shimada）等（2007）学者构建了一种描述城市尺度低碳经济长期发展情景的方法，并将此方法应用到日本滋贺地区。

  2007年，在北京召开的低碳经济和中国能源与环境政策研讨会上，诸多外国专家学者对低碳经济发展提出了自己的见解。斯特尔（2006）把有关气候变化的科学辩论转移到气候变化的经济规律层面上来，他指出2050年世界经济的规模要增大3～4倍，但排放要降低1/4，还指出应对气候变化的政策需要三个关键的要素：一是确立碳的定价机制；二是需要技术政策；三是建立一个全球的体制。一个全世界的碳市场，将涵盖更多行业和市场一起加强清洁发展机制，促进这些机制在发展中国家的发展。英国皇家环境污染委员会（2007）发布的报告指出，城市环境是一个非常紧迫的问题，需要立刻采取行动，必须找到一个新的方式来规划和管理城市地区，减少城市对环境的影响，改善人民的生活质量。普雷斯科特（2007）指出，英国的实践证明经济增长和排放减少是可以同时实现的；低碳行业、低碳经济、低碳工业、低碳城市需要有新的可持续发展的形式；气候变化归根到底不仅仅是一个环境问题，而越来越成为一个经济和财政的问题，也是一个政治问题。兰德斯（2007）指出，挪威减排温室气体的国家目标是到2050年减排2/3，要通过四步措施来实现：一是各个行业提高能效，如建筑、交通节能等；二是用可再生能源替代化学能；三是投资碳捕捉和储存；四是减少砍伐森林。为了让公众增强意识，有两个一般性措施：一是进行这方面的气候宣传；二是促进低碳技术广为世界所用。汉森（2007）指出，发展低碳经济，对中国是个非常大的挑战：一是要把温室气体减排纳入低碳经济的思考当中；二是要考虑城市发展带来的影响和变化；三是中国发展低碳经济要看到中国与整个国际社会的互动作用。梅森纳（2007）认为，人类发展低碳经济面临的挑战，不是技术上的也不是经济上的，实际是政治和体制上的；中国确实需要一个发展低碳经济的路线图。梅茨格（2007）指出，欧盟不同的国家有不同的研究和计划，到2020年减排20%的目标是必须实现的，这就要求更多地使用生物能源和可再生能源；到2020年，欧盟的27国在这方面的花费可能会达到GDP的0.09%。多德维尔（2007）强调，发展低碳经济：一是政府要能够对企业的减排进行监测；二是政府要及时发布减排目标的信号；三是要对低碳技术的国际交流进行部署。

1.3.2 国内研究概况

目前，国内对低碳经济进行研究的学者相对较少。靳志勇等（2003）对英国当年实行的低碳经济能源政策进行了全面介绍。王冰妍等（2004）以上海为例，利用LEAP模型对"零方案"情景和低碳发展情景下的能源消费及大气污染物排放量进行了预测，指出实施低碳发展不仅能缓解能源供应压力，还能明显遏制本地大气污染物排，低碳发展对中国中长期能源建设具有显著的多重作用。庄贵阳和张伟（2004）指出，在中国城市化快速发展的进程中，需求基础设施建设的低碳发展道路，对于减少能源浪费和温室气体排放具有重大意义。刘兰翠等（2005）对温室气体减排政策进行了研究综述。张秋明（2005）分析了英国政府为将生物燃料和氢确定为未来低碳运输燃料最有前景的备用燃料，实施的一整套生物燃料鼓励政策，包括燃料税、投入税收、资本补助金、资本减税及可再生运输燃料义务。安培浚（2006）介绍了美国气候变化技术战略规划的任务、目标、方法，并论述了其对我国气候变化技术发展的启示。庄贵阳（2007）指出，在全球气候变化背景下，低碳经济是中国的必然选择，他分析了中国发展低碳经济的可能路径、潜力及挑战、相关的国际制度架构等。潘家华（2003）指出，对处于当前发展阶段的中国来说，不可能立即采取减排行动、大规模减少温室气体排放，但也不能漠视气候变化，中国需要具体的行动向国际社会表明中国的立场，从节能与减排的一致性上强调低碳发展。任小波等（2007）对英国斯特恩报告关键内容进行了解读，从科学基础、气候变化中的经济学问题、减排行动的政策与经济因素、适应行动的效益分析以及全球合作应对气候的意义等五个方面对报告的主要内容、立场和结论进行了介绍。

同样，在低碳经济和中国能源与环境政策研讨会上，中国专家学者也见仁见智。周大地（2007）指出，中国虽然已经朝着低碳经济的目标进行发展，但目前并不会把气候变化问题作为重中之重，考虑到中国以煤炭为基础的能源供应，在发展低碳经济的时候必须考虑各种方法的协同；碳捕获和储存并不见得是对付化石燃料的真正方法，其中还存在很多不确定性。丁一汇（2007）认为，中国需要对碳捕获和储存技术予以很大关注，但这一技术在中国离工业化使用还有一段距离，中国低碳经济可能分两步走，即先是低碳经济，然后逐步使用新技术，能够逐步达到零排放和新的能源结构。王志轩（2007）认为，中国低碳经济发展一定要在法制的框架下进行，一定要科学估计中国节能减排的潜力，一定要通过政策、价格来引导、通过市场的手段来推进。邹骥（2007）指出，中国正处于一个"十字路口"上，实现一个传统的发展路径向一个创新性的发展路径转变，发生这样的转变需要这样几个因素：一是需要研发技术、引进技术，需要体制的改革，正确的政策，人力资源和资金；二是要把市场上已经存在的低碳技术迅速加以推广；三是战略层面、政策层面、技术层面的合理规划也非常重要；四是要形成互利双赢的国际合作，联合进行开发、设计等。付允等（2008）从温室气体减排压力、能源安全和资源环境等三个方面分析了中国发展低碳经济的紧迫性，从宏观、中观和微观三个层次论证了以低碳发展为发展方向，以节能减排为发展方式，以碳中和技术为发展方法，提出了节能、低碳化、设立碳基金和确立碳交易机制等政策措施。

刘传江和冯碧梅（2009）指出低碳经济实质上是经济发展方式、能源消费方式、人类生活方式的一次新变革，将全方位地改造建立在化石燃料（能源）基础上的现代工业文明，转向生态经济和生态文明。通过分析武汉市的生态足迹赤字和"脱钩"（节能减排）发展情况，提出了武汉城市圈发展低碳经济、建设低碳社会的建议。康蓉等（2009）通过研究崇明现有产业现状，分析了崇明发展低碳经济的必要性和可能性，提出适合在崇明发展的低碳产业：生态旅游业、生态农业、会展业、绿色造船业、创意产业及新能源开发产业。提出了包括产业结构调整、政策保障、技术创新及设立实践区等一系列发展低碳经济的对策措施。鲍健强、苗阳和陈锋（2008）从大时空跨度和能源利用方式上，分析了人类经济发展形态演变历程；探讨了低碳经济理念产生的时代背景，研究了低碳经济对传统的建立在化石燃料（能源）基础之上的现代工业文明的影响，以及发展低碳经济的路径和方法。龚建文（2009）提出当前中国发展低碳经济重点是降低能源强度，实现节能减排，最优路径是提高能源效率、发展可再生能源、发展循环经济。推动低碳经济的发展，还需要有积极的战略规划和对策措施，特别是要在政策上、法律上予以支持和保障。辛章平和张银太（2008）认为低碳城市是低碳经济发展的必然过程，指出了低碳城市的构建途径：新能源技术应用、清洁技术应用、绿色规划、绿色建筑和低碳消费。陈英姿和李雨潼（2009）通过对能源消费和碳排放的区域特征进行分析，从能源消费的角度提出改善不同地区相应的能源强度和能源结构低碳化目标，走低碳经济发展道路。谢军安等（2008）认为我国发展低碳经济，实现低排放、低能耗，需要有积极的战略规划和对策措施，特别是要在政策上、法律上予以支持和保障。

顾朝林等（2009）认为，我国正处在经济快速增长、城市化加速、碳排放日益增加和向社会主义市场经济转型的时期，低碳城市规划则是我国低碳城市发展的关键技术之一。气候集团（the Climate Group）是一个国际性的非营利组织，在2008年发布的报告"赢余：低碳经济的成长"中介绍了低碳经济的概念，回顾了市场的发展并分析了低碳经济道路带来的收益，表明低碳经济具有更高的投资回报率，能够显著地增加产量、缩短生产周期、提高生产可靠性、改善产品质量、改善工作环境并鼓舞员工士气，在新增就业方面具有出色的潜力，其增长速度也大于其他经济形态。庄贵阳（2005）认为，低碳经济的实质是能源效率和清洁能源结构问题，核心是能源技术创新和制度创新，目标是减缓气候变化和促进人类的可持续发展，即依靠技术创新和政策措施，实施一场能源革命，建立一种较少排放温室气体的经济发展模式，减缓气候变化。游雪晴和罗晖（2007）认为"低碳经济"就是以低能耗、低污染为基础的经济。姬振海（2008）在《低碳经济与清洁发展机制》一文中指出了低碳经济、清洁发展机制以及实现低碳经济的基本途径。戴亦欣（2009）结合国内外低碳城市的实践和我国的发展特点，分析低碳城市建设的原则和特点，讨论建设低碳城市所必需的治理模式和制度建设模式，提出了基于城市历史传承和社会经济发展特点的政府、市场、公民三方协作互动模型。

国内外的研究对低碳经济发展做了很多基础性研究，在总结国内外关于低碳经济研究的基础上，结合国际国内提出降低二氧化碳排放的目标，从发展低碳经济的角度研究环境保护，并建立低碳型环境保护综合指标评价体系，以期对国内低碳经济发展和环境保护有实际指导意义。

1.4 研究内容和技术路线

1.4.1 研究内容

本书从低碳经济的基础理论入手，为低碳经济研究提供理论基础，然后对我国低碳经济发展进行协调性分析，得出可以实现经济发展与能源消费和二氧化碳排放的脱钩。建立温室气体作用的PSR模型，对温室气体对经济、环境和社会的影响机理进行分析，运用灰色关联理论实证分析我国二氧化碳排放的影响因子，结合当前理论研究，初步构建低碳型环境保护的指标评价模型，低碳城市评价模型和低碳农业评价模型。最后，在我国实行低碳经济发展SWOT分析基础上，提出我国发展低碳经济的战略选择和低碳型环境保护的策略路径。

（1）通过对低碳经济相关理论的梳理和总结，揭示出资源、环境、经济三者相辅相成并相互作用，只有理顺三者的关系，才能实现经济发展、社会进步和环境和谐。

（2）建立温室气体作用的PSR模型，对温室气体对经济、环境和社会的影响机理进行分析，指出温室气体的过度排放已经对经济、社会和环境影响很大，其中负面效应更明显，需要采取一定的措施来面对和解决。

（3）对1985~2008年的时间序列分析我国低碳经济发展的协调性，考察GDP、能源消费增加和二氧化碳增加的协调关系，从理论上分析我国实现经济增长与能源消费增加的脱钩情况，以及经济增长和二氧化碳排放的脱钩情况，对发展低碳经济进行可行性分析。

（4）在理论指导下，通过定性和定量分析，提出影响我国二氧化碳排放的因子。目前以煤、石油、天然气等高碳能源为主要能源的能源结构，决定了能源消费必然会排放更多的二氧化碳，而当前的经济增长方式还基本上是以能源大量消费为代价的。在Kaya公式指导下，对我国二氧化碳排放因子进行分析，并进行关联度排序，为下一步降碳、减碳寻找突破口。

（5）结合环境保护与低碳经济发展，根据指标体系相关原则，构建低碳型环境保护指标评价模型，从不同方面反映地区低碳型环境保护程度，进行纵向对比，使环境保护与低碳经济结合起来，实现经济发展与环境保护的和谐。城市是碳排放相对集中的地方，在此基础上，构建低碳城市评价模型和低碳农业理论发展模型，来评价城市的低碳化发展水平和农业的低碳发展。

（6）在我国低碳经济发展实践和经验基础上，引入SWOT分析模型，对我国发展低碳经济的优势、劣势、机会和威胁进行全方位分析，根据发达国家实施低碳经济发展经验和评价指标，提出更多用经济激励来促进低碳经济发展，为低碳型环境保护的实现提供政策建议，以期更好地发展低碳经济，在经济发展中实现环境保护。

1.4.2 研究方法

本书在低碳经济相关理论基础上，以分析我国发展低碳经济理论可行性，寻找二氧化碳排放因子，建立评价模型，提出政策建议为主线开展研究。具体采用的方法有：

（1）理论分析与实证分析相结合。本书运用了传统的经济理论和环境系统理论来研究二氧化碳等温室气体排放对经济、社会和环境的影响，在大量数据资料的基础上，运用数学和经济分析模型，从理论分析和实证分析中得出结论，使得分析更有理论依据，提出的策略建议都有理论依据。

（2）定性分析和定量分析结合。在低碳型环境保护指标评价和低碳城市评价模型中，综合运用层次分析法和环境经济学理论，进行指标选取、权重确定和数理分析等。

（3）运用数学软件Matlab 7.0、统计分析软件SPSS 18.0和Eviews 6.0对实证数据进行分析处理和运算分析。

1.4.3 研究路线

本书研究路线如图1-1所示。

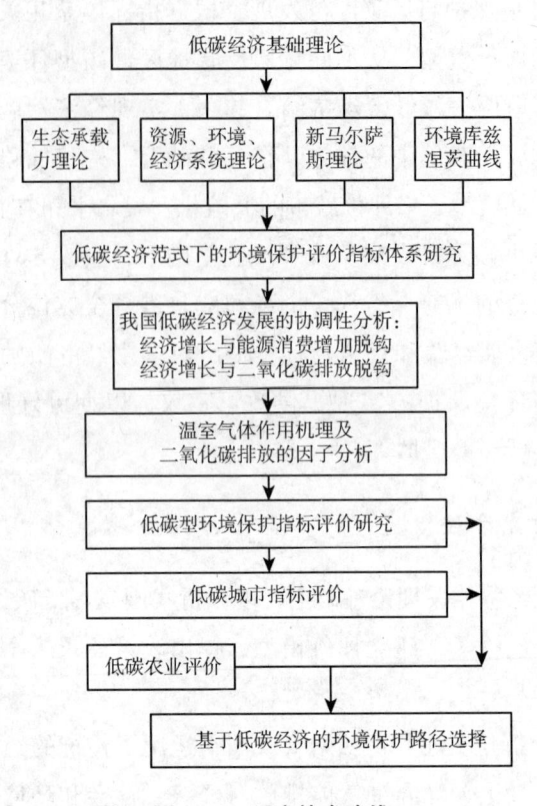

图 1-1　研究技术路线

1.5　本章小结

在不断追求经济高增长的当今社会，GDP 的高数据背后是环境的急剧恶化。全球变暖、冰川融化、极端性气候不断提醒人类注意环境安全。从西方发达国家发起的低碳经济迅速被各国所认可，发展低碳经济，降低二氧化碳的排放，减缓气候变暖成为社会的共识。由传统的高碳经济增长模式开始越来越被摒弃，寻求低碳发展道路，实现经济增长和环境保护双赢模式成为学术和企业界追踪热点，相关研究也在不断进行，本书就是基于这样的背景展开研究的。

本章介绍了研究的背景和研究意义，在综述当前研究现状的基础上，确定本书的研究内容和技术路线，从分析二氧化碳和经济发展关系开始，研究二氧化碳排放因子，依据中国国情提出先发展"中碳经济"，逐步实现低碳经济。为评估低碳经济发展中环境保护程度，本书构建了低碳型环境保护评价体系，最后借鉴国外发展低碳经济的经验，提出我国低碳经济下环境保护的策略。

第 2 章　低碳经济基础理论

2.1　外部性和公共物品理论

外部性问题最初被称为"外部经济",是英国"剑桥学派"创始人、新古典经济学家马歇尔(Marshall)在《经济学原理》中首先提出的,庇古(Pigou)在其《福利经济学》中加以充实和完善。此后,很多学者对外部性理论进行丰富和发展,其中有科斯(Coase)提出的著名的产权理论。布坎南(Buchanan)和斯塔布尔宾(Stubblebine)1962 年给外部性下了如下定义:只要某个人的效用函数或某一个厂商的生产函数所包含的变量在另一个人或厂商的控制之下,即存在外部性,用公式表示为:$U_A = U_A(X_1, X_2, X_3, \cdots, X_n, Y_1)$。式中表示 A 的效用不仅受其所控制因素 $X_1, X_2, X_3, \cdots, X_n$ 的影响,并且受控制因素 Y_1 的影响,产生外部性的主体由于不受预算约束,常常不考虑外部性结果给承受者的损益情况,导致低效或无效地使用资源。

根据社会成本理论,外部性的实质就是在于社会成本与私人成本之间存在某种偏离。当不存在外部性时,私人成本就是生产或消费一种产品所发生的全部成本,即私人成本就是社会成本。而在存在外部性的情况下,社会成本不仅包含私人成本,而且还包含私人的生产或消费行为对外部产生影响而带来的外部成本,此时,外部成本没有被私人所承担。对追求利润最大化的生产者或消费者来说,他们就没有动力去减少这种外部性,即使这样做会产生很大的社会成本,造成低效率。经济理论对于外部性在污染控制的政策设计方面论述比较完全,因为环境污染在很多情况下实质上是一种环境外部性表现。例如，河流上游的造纸厂与下游渔场的渔民之间，或者厂商和外部环境之间的排放废物情况下，往往在污染产生的同时，还没有真正的负责任者。

外部性的本质和公共物品是一样的，公共物品是指每个人的消费不会导致别人对该产品消费减少的产品。与私人物品相比较，公共物品具有非竞争性和非排他性的消费特性。所谓非竞争性，是指不会因为消费人数的增加而引起生产成本的增加，即消费者人数的增加所引起的社会边际成本为零；非排他性则指产品一旦提供，就不能排除社会中任何一个人免费享受它所带来的利益。非竞争性和非排他性，使得市场不能促使营利性企业为社会提供公共物品，同时在使用过程中容易产生"公地的悲剧"（过度使用）和"搭便车"（供给不足）现象，公共物品的这些特性阻碍了市场机制有效地发挥资源配置的作用。

因此，对外部性行为的最优求解，必须对这一行为发生的边际成本和包括发出方和承受方在内的所有成员因这一行为所获得的边际收益（或负收益）作分析比较，依据帕累托边际最优条件，上述的成本与收益必须相等，此时有萨缪尔森条件等式成立：

$$MC = MB_A + \sum_{j=1}^{n} MB_j \qquad (2.1)$$

其中，MC 指外部性行为的边际成本，MB_A 指发出方 A 所获得的边际收益，MB_j 指承受方中任一成员的边际外部收益（正收益或负收益），$\sum_{j=1}^{n} MB_j$ 为总的外部边际社会收益（正）或外部边际社会成本（负）。

外部性使价格体系不能有效地配置自然资源。在经济运行中，使用自然资源所需支付的任何形式的成本都非常少，自然资源的利用和破坏发生在生产和交换过程之外，经济系统和自然生态系统之间形成了经济价值单方面的转移。由于经济成本不由生产或获利者承担，他们必然会过渡开发利用资源，引发环境污染，造成资源的枯竭。

2.2 资源与环境经济学理论

2.2.1 资源与经济增长关系理论

资源最一般的意义，是指自然界及人类社会中一切能为人类形成资财的要素。狭义的资源，按照联合国环境规划署的定义，是指"在一定时间、地点的条件下能够产生经济价值，以提高人类当前和未来福利的自然环境因素和条件"。在经济学中，所有为商品生产而投入的要素都是资源，如资本、劳动力、技术、管理等。

在以国民生产总值衡量社会丰裕程度和以经济持续稳定增长作为发展目标的当今世界，资源长期稳定供给已经成为全球性的敏感问题和各国制定能源决策的基点。一个国家所拥有的自然资源状况对其经济增长有重要影响。刘易斯（Lewis）曾经指出："英德早期工业革命的成功，在很大程度上都应归功于它们当时所拥有的相对丰富的煤、铁"。英国、德国等老牌资本主义国家在19世纪内，正是凭借当时开采和掠夺的煤矿、铁矿等资源，达到了经济高速增长，顺利地实现了早期的工业革命。资源的开发利用状况，直接影响到这些国家的经济增长。但是，自然资源在一个国家经济增长过程中并非起到决定性作用。

从亚当·斯密开始的西方古典经济学派就一直在关注资源稀缺程度与经济增长的关系。在古典经济学家中，李嘉图指出了资源的有限性对经济增长的约束作用。他从人口增长、土地稀缺、农业报酬递减和农产品价格上涨的理论分析出发，认为人口与土地的矛盾会激化地主与工业资本家之间的矛盾，并最终使农业报酬递减的趋势压倒工业报酬递增的趋势，从而进入人口和资本停止的经济退化状态。

由于资源尤其是常规能源绝大多数具有不可再生性，随着资源的不断开采至枯竭，资源对经济增长将起一定程度的限制作用。也就是说，从要素层面看，能源具有双重作用。它既是经济增长的重要物质基础，又构成经济持续增长的瓶颈。因此，必须强调的是经济持续增长中能源的可持续利用。

2.2.2 资源、环境、经济系统理论

现代资源与环境经济学将自然资源、环境与经济系统结合起来，形成了资源、环境与经济的大系统（见图2-1）。

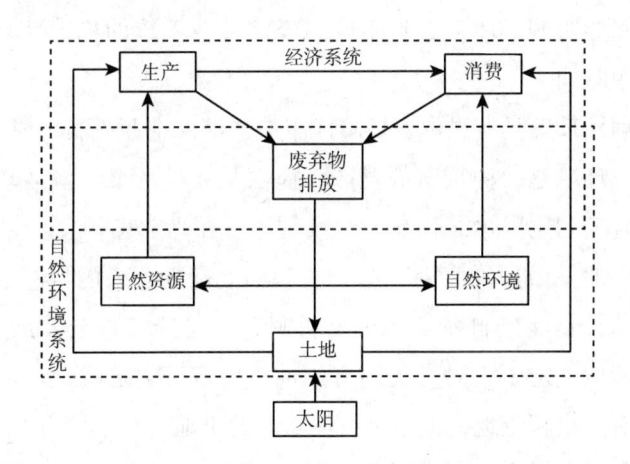

图2-1 资源、环境与经济复合系统模型

自然资源与环境是人类生存和发展不可缺少的自然条件，是人类经济活动的基础。自然资源包括生物资源、土地资源、水资源、矿产资源和能源等，环境包括环境容量、环境景观、生态平衡和自我调节能力、气候等。在资源、环境与经济复合系统中，环境被看作可以向人类提供资源和服务的财产。使用环境资源或获取环境服务需要付费并计入成本。

第一，环境系统为人类经济系统提供能源和原材料，而人类则向环境排放污染或废弃物。在一个完全封闭的经济系统中，不可能有净物质的增加量。经济系统中消费物数量终归等于从自然环境中获取的物质和能量的总和。人类从环境中获取能量和物质，并按自身要求来改变物质存在的形态，通过物质形态改变来增加对自身有用的效用，最终这些物质将以废弃物的形式返回环境系统中。在这个循环过程中，人类居于主动地位，不论资源的获取还是

废弃物的排放都是按照人类的标准来决定取舍的，而环境系统只是一个被动的承受者，而且这种关系随着人类征服自然和改造自然能力的提高而增强。

第二，在人类经济子系统中，物质流动不是单向的。在子系统内部物质可以反复使用。对废弃物的处理是人类经济活动的必然结果和必要延伸，是人类经济系统的自我调节。这有利于减少人类活动对环境系统的负面影响，增加二者之间的协调，增强自然系统与经济社会系统的稳定性，延长环境资源的持续利用时间。

第三，利用环境具有成本。环境成本应当纳入企业成本，成为"经济人"决策的依据。环境是一种特殊的财产，提供了人类从事经济活动的物质支持系统，只有合理利用，才能长期或永续利用。在马克思的"劳动价值论"和西方经济学中的"效用价值论"结合的基础上确立起来的自然资源价值观和自然资源价值论认为：自然资源是一种财富，是经济社会发展的物质基础；自然资源的价值决定于它对人类的有用性，决定于它的稀缺性和开发利用条件；土地所有者出租土地，无论是自然状态的土地（自然资源），还是已被开垦的土地，都得到一定的货币额。因此，环境也就具有价值。

2.2.3 生态承载力理论

生态系统具有自我维持和自我调节的能力，在不受外力和其他人为干扰的情况下，生态系统可一直保持自我平衡的状态（生态系统内部的小幅波动在其自身可调节范围内），即稳态。如果系统受到外力干扰，并且干扰超过系统自身可调节或可承载能力范围时，整个系统平衡就会被破坏，生态系统进入波动期。自然生态系统中，在生物各个水平层次上，都具有稳态机制，但这种稳态机制是有限度的。当外界干扰力超过生态系统的某一稳态程度（阈值[①]）后，系统便发生改变，从一种稳态走向另一种稳态。当超出整个稳定范

---

① 阈值（Threshold），又叫临界值，是使系统行为发生突变的系统状态控制参量数值。系统的控制参量超过一个阈值后，往往还存在着下一个阈值，进一步改变控制参量，当它超过新的阈值后，就会发生新的突变，使系统进入更高级的有序状态。

围，系统就会遭到破坏，进而衰退（见图2-2）。

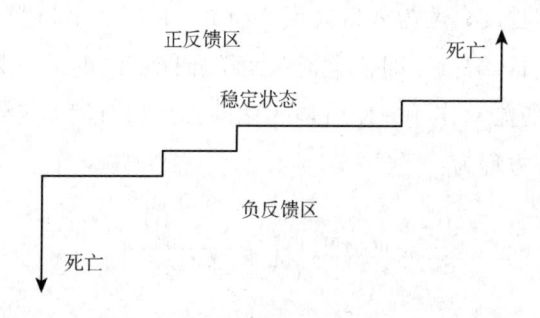

图2-2 生态系统状态变化

生态承载力是生态系统自我维持和自我调节的能力，以及资源与环境的供应与容纳能力，可维持的社会经济规模和具有一定生活水平的人口数量。对于区域生态系统来说，生态承载力重点在于生态系统的承载能力，尤其是对人类活动的承载能力，其包括资源子系统、环境子系统和社会子系统。环境子系统既为人类活动提供空间和载体，又为人类活动提供资源并容纳废弃物。对于人类活动来说，环境子系统的价值体现在它能对人类社会生存发展活动的需要提供支持。所以，某一区域的生态承载力概念，是某一时期某一地域某一特定的生态系统，在确保资源的合理开发利用和生态环境良性循环发展的条件下，可持续承载的人口数量、经济强度及社会总量的能力。

生态承载力的约束条件是环境承载力。环境承载力很大程度上取决于环境标准、环境容量和社会生产生活方式等。环境标准不同，环境容量差异及社会生产生活方式方向不断改变和影响着生态承载力的大小。

生态系统具有一定的抗逆弹性力，它的弹性力在一定程度上既可缓解各种外界压力与扰动的破坏而保证系统不崩溃，又可最大限度地保证资源与环境承载力的调节作用与功能的正常发挥。

英国人口学家马尔萨斯认为，资源有限对人口增长有限制作用，其人口增长的 Logistic 方程为：

$$\frac{d_N}{d_t} = rN\left(\frac{K-N}{K}\right) \quad (2.2)$$

其中，r 为人口增长率，即人口的平均出生率和平均死亡率之差；K(K>0) 表示资源丰富程度，N 为人口规模。当 N = K 时，人口数量保持稳定，K 体现出资源系统的容纳量，即整个资源系统所能容纳的最大数量。而在人类系统中，由于人的能动作用，K 值是变化的，是随时间 t 变化而变化的。因此，新的 Logistic 方程为：

$$\frac{d_N}{d_t} = r(t)N(t)\left(\frac{K(t)-N(t)}{K(t)}\right) \qquad (2.3)$$

如果满足上述方程即可达到生态环境的可持续承载，即满足 r>0，K>0。因此，生态可持续承载就归结为 K 值的可塑性和 r 值的可变性，其中 K 值的可塑性是人类可持续发展的重要基础。人类社会的发展必须建立在生态系统的可持续承载基础上，K 值就具有决定性意义。随着科学技术的进步和人类对自然界的不断改造，推动 K 值不断提高，人类社会的生存阈值在不断提高。但我们必须认识到，K 值增大并不是无限的，如果人类的活动强度持续超过生态系统的调节能力，生态系统就会从一种稳态退化而非上升到另一种稳态，而这意味着 K 值的相应降低。因此，我们在利用科学技术设法提高系统承载力阈值时，必须尊重科学、尊重自然，否则会适得其反，大自然也会给人类警示，甚至报复。

2.2.4 新马尔萨斯理论

新马尔萨斯主义强调人口增长速度太快，特别是第三世界人口增长过快，将会造成世界粮食危机，同时广泛讨论由于人口增长造成自然资源不足、经济增长速度缓慢、社会生活和福利水平的下降、生态平衡失调、环境污染，最终导致人类面临因人口增长而覆灭的危险。罗马俱乐部是新马尔萨斯主义的代表。

20 世纪中后期，世界范围内的能源危机和环境污染问题愈加严重。1972 年，罗马俱乐部发表的《增长的极限》报告认为，人类社会的经济活动是以资源消耗和环境污染为代价的。由于世界人口增长、粮食生产、工业发展、资源消耗和环境污染这5项基本因素的运行方式是指数增长而非线性增长，全球的增长将会因为粮食短缺和环境破坏于下个世纪某个时段内达到极限，人类社会将耗尽工业发展所必需的可耗竭资源，经济系统就会陷于崩溃。即使资源存量显著增加，但过度污染仍然会造成经济系统的崩溃，这是由于资源增加促进了工业化进程并造成了污染加剧。要避免因超越地球资源极限而导致世界崩溃的最好方法是限制增长，即"零增长"。只有通过限制人口增长，防止污染加剧，并使经济增长停滞，才能最终避免经济系统的崩溃。针对来自国际社会的批评，1974年，罗马俱乐部在"零增长"论的基础上，发表了第二篇报告《人类处于转折点》，立足于资源的节约和合理使用，提出了旨在限制西方工业发达国家资源消耗，注重多样性、差异性和质量的"有机增长"理论。杰里米·里夫金和特德·霍华德（1987）在《熵：一种新的世界观》中，借助热力学第二定律来考察人类社会生活的各个方面，指出人类科学技术的迅速发展正在产生出比他自身"创造"出来的财富更多、更有害于人类的垃圾，如果不限制人类消耗资源的速度，在熵定律的作用下，人类则会无可挽回地走向灭亡。"熵的增加即意味着有效能量的减少。每当自然界发生任何事情，一定的能量就被转化成了不能再做功的无效能量，被转化成了无效状态的能量构成了我们所说的'污染'。污染就是熵的同义词。它是某一系统中存在的一定单位的无效能量"。

由于种种因素的局限，罗马俱乐部的结论和观点存在十分明显的缺陷，但是，报告所表现出的对人类前途的"严肃的忧虑"以及对发展与环境关系的论述，却具有十分重大的积极意义。这些著作的发表引起西方世界的震惊，保护资源、节约资源的观念得到了世界各国的一致认同。它所阐述的"合理的持久的均衡发展"，为孕育可持续发展的思想萌芽提供了土壤。

2.2.5 环境库兹涅茨曲线

20世纪90年代，经济学家格鲁斯曼（Grossman）在环境经济学的研究中，通过人均收入与环境污染指标之间的演变模拟，提出"环境库兹涅茨曲线"（见图2-3）来说明经济发展对环境污染程度的影响：在经济发展过程中，环境状况先是恶化而后得到逐步改善。对这种关系的理论解释主要是围绕三个方面展开的：经济规模效应与结构效应、环境服务需求与收入的关系和政府对环境污染的政策与规制。

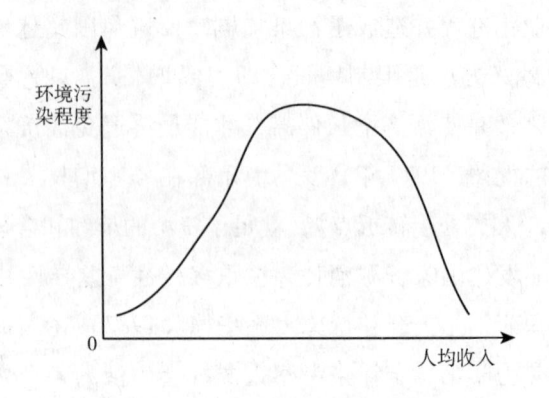

图2-3　环境库兹涅茨曲线

经济发展的规模效应正如格鲁斯曼所说，人均收入的增长，会促使一个国家或者地区的经济规模逐渐增大，而一个处于发展中的经济实体，迫切需要更多的资源性投入，在现有的经济产出技术水平下，产出的提高则意味着向自然界排放的废弃物增加，进而使环境质量下降。因此，经济产出的规模效应随着收入的增加单调递增。经济发展带来规模效应的同时也会改变其经济结构，带来结构效应。帕纳约托（1993）认为，随着一国经济结构从农业经济转型为工业经济，工业产出的快速增加必然带来环境污染程度的不断加重。因为，伴随着工业化程度加深，资源消耗速度大幅增加并逐渐超过资源的再生速度，更使不可再生资源逐渐减少，大大增加废弃物的产生，从而降低环境质量。当经济进一步发展到某一更高水平时，又会改变经济发展中的产业结构，以重工业为主的第二产业逐渐被以技术密集型产业和服务业为主的第三产业替代时，工业废弃物就会大大减少，环境污染也会相应减少。在产业结构调整过程中，科学技术进步发挥着越来越重要的作用，一方面，技术进步可以在经济发展过程中采用较清洁的技术替代污染严重的技术，减少环境污染；另一方面，技术提高可以提高环境阈值，提高环境承载力，扩充环境容量。在规模效应和结构效应作用下，使得环境与经济发展呈倒"U"形曲线关系。

从西方经济学中的消费需求角度来看，对环境服务的需求和消费也会使环境随着呈倒"U"形变化。经济发展方面的解释是从人们对环境服务的消费倾向展开的。在经济发展初期，社会群体收入水平较低，对环境质量的需求较低，很容易忽视对环境的保护，任其环境状况恶化。随着收入水平的提高，人们的消费结构随之调整，不但关注物质消费，也开始关注现实和未来的生活环境，对环境质量的需求增加，开始关注环境问题，购买环境友好产品，强化环境保护的压力，从而减缓环境恶化乃至逐步消失。

在政府对环境污染的管理方面，在经济发展初期，政府的财政收入较低，无法实现对环境的调控和管理，政府对环境污染的控制力弱，环境污染程度随着经济发展逐步加重。当经济发展到较高水平后，政府财政收入得到大幅提高，行政管理能力在经济发展过程中不断加强，在经济和行政两方面都有能力强化环境管理。此时，开始出台一系列环境保护政策法规，并投入资金对环境污染开始治理，使得环境污染逐渐降低。

环境库兹涅茨曲线（EKC）理论假说提出后，不断有专家学者依照该理论进行实证研究，结论呈多样化，并且不同污染物的污染与收入之间的关系不尽相同，这对 EKC 提出了挑战。还有如无法揭示存量污染的影响，其指标选取和长期性问题没有得到有效解决。一般认为，环境库兹涅茨曲线只是对环境污染和收入之间关系的一种相对抽象的描述，其倒"U"形曲线并不能适用于所有的环境——收入关系。

2.3 循环经济理论

循环经济即物质闭环流动型经济，是指在人、自然资源和科学技术的大系统内，在资源投入、企业生产、产品消费及其废弃的全过程中，把传统的依赖资源消耗的线形增长的经济，转变为依靠生态型资源循环发展的环形增长经济；是以资源的高效利用和循环利用为目标，以"减量化、再利用、资源化"为原则，以物质闭路循环和能量梯次使用为特征，按照自然生态系统物质循环和能量流动方式运行的经济模式。

传统经济是"资源—产品—废弃物"的单向直线过程，创造的财富越多，消耗的资源和产生的废弃物就越多，对环境资源的负面影响也就越大。循环经济则以尽可能少的资源消耗和环境成本，获得尽可能多的经济和社会效益，从而使经济系统与自然生态系统的物质循环过程相互和谐，促进资源永续利用。因此，循环经济是对"大量生产、大量消费、大量废弃"的传统经济模式的根本变革。其基本特征是，在资源开采环节，要大力提高资源综合开发和回收利用率；在资源消耗环节，要大力提高资源利用效率；在废弃物产生环节，要大力开展资源综合利用；在再生资源产生环节，要大力回收和循环利用各种废旧资源；在社会消费环节，要大力提倡绿色消费。

循环经济是把清洁生产和废弃物的综合利用融为一体的经济，本质上是一种生态经济，它要求运用生态学规律来指导人类社会的经济活动，在可持续发展的思想指导下，按照清洁生产的方式，对能源及其废弃物实行综合利用的生产活动过程，组成一个"资源—产品—再生资源"的反馈式流程，通过资源高效和循环利用，实现污染的低排放甚至零排放，实现社会、经济与环境的可持续发展。

2.4 技术创新理论

熊彼特认为，所谓创新就是要"建立一种新的生产函数"，即"生产要素的重新组合"，把一种从来没有的关于生产要素和生产条件的"新组合"引入生产体系中去，以实现对生产要素或生产条件的"新组合"。美国管理学家彼得·德鲁克进一步发展了熊彼特的创新理论，他把创新定义为赋予资源以新的创造财富能力的行为，认为创新有两种：一种是技术创新，在自然界中为某种自然物找到新的应用，并赋予新的经济价值；另一种是管理创新，在经济与社会中创造一种新的管理机构、管理方式或管理手段，从而在资源配置中取得更大的经济与社会价值。此后，许多经济学家相继提出了制度创新、技术创新等理论。其中，技术创新最富有价值和可操作性。

在技术创新对社会经济作用方面，弗里曼等研究发现，社会需求导致的技术创新效果是技术内在推动的数倍，制度因素在技术创新中起着重要作用，由于创新活动中存在个人收益与社会收益的巨大差距，这大大降低了个人积极性，需要相关的制度设计来保障。技术创新扩散是技术创新后通过市场和非市场渠道的传播，没有扩散，创新不可能有经济影响。中国学者傅家骥(1998)认为，"技术创新是企业家抓住市场的潜在盈利机会，以获取商业利益为目标，重新组织生产条件和要素，建立起效能更强、效率更高和费用更低的生产经营系统，从而推出新产品、新生产（工艺）方法、开辟新市场、获得新原材料或半成品供给来源或建立企业的新组织，它是包括科技、组织、商业和金融等一系列活动的综合过程"①。

从资源开发利用角度来看，技术创新可以使人类认识和发现更多的非传统资源，可以使资源开发利用程度更深，范围更广，质量更高。可以对废弃物进行处理，将生产和消费过程中产生的废弃物一部分经技术加工分解形成新的资源返回到经济运行中，另一部分则通过无害化处理后形成无污染或低污染物返回到自然环境中，从而大大减少对自然环境的损害程度。

2.5 本章小结

对低碳经济和环境保护的研究是跨越学科的，涉及经济学、管理学、统计学和环境工程学等，本章归纳总结了低碳经济和环境保护相关理论，产业发展、循环经济和技术创新等相关理论，为低碳经济和环境保护的研究提供

---

① 傅家骥. 技术创新学 [M]. 北京：清华大学出版社，1998：13.

理论基础。

第一，分析了经济学理论中的外部性和公共物品理论。经济发展对自然和人文环境都会产生外部性，当经济发展只关注物质的增长时，这种外部性就表现为负外部性，尤其是对自然环境而言。从经济学的角度来看，自然环境属于公共物品范畴，具有非竞争性和非排他性，经济的发展必然造成环境污染越来越严重，环境成本也必须计入经济发展成本中去。

第二，通过对资源与环境经济学中的资源与经济增长关系理论，资源、环境、经济系统理论，生态承载力理论，新马尔萨斯理论和环境库兹涅茨曲线的描述，证明了经济增长并不会一直持续下去，揭示出资源、环境、经济系统三者协调统一的重要性和必要性。

第三，循环经济理论和技术创新理论提出，从资源循环利用和技术创新的角度来弱化对环境的破坏，用资源循环利用来减少对自然资源的消耗，用技术创新和技术进步来提升环境承载力，降低对人类社会发展的威胁。

第3章 我国低碳经济发展的协调性分析

目前,全球经济增长的模式基本上都是以资源投入为基础的,特别是能源的投入。纵观世界各国的能源结构,大多是以煤、石油、天然气等高碳化石能源为主,这些高碳化石能源成为大气中二氧化碳等温室气体的最主要来源。经济增长与能源消耗之间,经济增长与二氧化碳排放之间是否存在因果关系,我国经济增长模式能否摆脱化石能源束缚,二氧化碳排放能否与经济增长脱钩,是我国发展低碳经济面临的现实问题。本章通过对时间序列模型的研究,来检验经济增长与能源消费,经济增长与二氧化碳排放以及能源消费与二氧化碳排放之间的因果关联。

3.1 时间序列模型

时间序列分析是一种被广泛应用的数量分析方法,主要用于描述和探索现象随时间发展变化的数量规律性,在经济和统计分析中较为常用。

3.1.1 时间序列

在生产和科学研究中,对某一个或一组变量 $X(t)$ 进行观察测量,将在一系列时刻 t_1, t_2, $\cdots$, t_n (t 为自变量且 $t_1 < t_2 < \cdots < t_n$)所得到的观测值按时间先后顺序组成序列集合 $X(t_1)$, $X(t_2)$, $\cdots$, $X(t_n)$,称之为时间序列,这种有时间意义的序列也称为时间数列或动态数据。如本章研究中所采用的 1985~2008 年中国国内生产总值、能源消费和二氧化碳排放值等,都是时间

序列。

时间序列分析是一种动态数据处理的统计方法，根据系统观测得到的时间序列数据，通过曲线拟合和参数估计来建立数学模型，进行引申外推，预测其发展趋势，从而分析社会经济现象的发展过程和规律性。它一般采用曲线拟合和参数估计方法（如非线性最小二乘法）进行。时间序列的变动通常分四种，分别是：倾向变动，即长期趋势变动 T；循环变动，即周期变动 C；季节变动，即每年有规则地反复进行变动 S；不规则变动，亦称随机变动等。在进行研究分析时，一般对四种变动综合分析，进行经济和社会等方面的模拟预测。时间序列分析常用在国民经济宏观控制、区域综合发展规划等方面，在军事科学、空间科学、气象预报和工业自动化等部门的应用更加广泛。

3.1.2 时间序列模型

（1）时间序列模型的建立。时间序列模型（autoregressive integrated moving average，ARIMA）又称博克斯-詹金斯模型，简称 B-J 模型，它是以美国著名统计学家 Box 和英国统计学家 Jenkins 名字命名的一种时间序列预测方法。

随机时间序列模型是指仅用它的过去值及随机扰动项所建立起来的模型，其一般形式为

$$X_t = Y(X_{t-1}, X_{t-2}, \cdots, \mu_t) \tag{3.1}$$

$$X_t = \varphi_1 X_{t-1} + \varphi_2 X_{t-2} + \cdots + \varphi_p X_{t-p} + \mu_t \tag{3.2}$$

如果随机误差项 μ_t 是为白噪声，即均值为零，方差为常数的稳定随机序列（$\mu_t = \varepsilon_t$），则称式（3.2）为纯 AR（p）过程，记为：

$$X_t = \varphi_1 X_{t-1} + \varphi_2 X_{t-2} + \cdots + \varphi_p X_{t-p} + \varepsilon_t \tag{3.3}$$

如果随机误差项不是白噪声，通常认为它是一个纯 q 阶的移动平均过程 MA（q），记为：

$$\mu_t = \varepsilon_t - \theta_1 \varepsilon_{t-1} - \theta_2 \varepsilon_{t-2} - \cdots - \theta_q \varepsilon_{t-q} \tag{3.4}$$

将纯 AR（p）与纯 MA（q）结合，得到一般的自回归移动平均过程 AR-

MA（p，q）：

$$X_t = \varphi_1 X_{t-1} + \varphi_2 X_{t-2} + \cdots + \varphi_p X_{t-p} + \varepsilon_t - \theta_1 \varepsilon_{t-1} - \theta_2 \varepsilon_{t-2} - \cdots - \theta_q \varepsilon_{t-q} \tag{3.5}$$

式（3.5）表示一个随机时间序列可以通过一个自回归移动平均过程生成，即该序列可以由其自身的过去或滞后值以及随机扰动项来解释。如果该序列是平稳的，即它的行为并不会随着时间的推移而变化，还可以通过该序列过去的行为来预测未来。

（2）时间序列模型的应用。在运用时间序列分析时，要保证序列平稳。如果一个时间序列的概率分布函数不随时间变化而变化，并且期望值、方差与自协方差均为常数，则该时间序列平稳。对于不平稳的时间序列，可以对序列通过差分或对数变换等进行处理，使其平稳后再进行分析。

通常，时间序列分析主要应用于系统描述和分析、决策和控制等方面。根据系统观测值，通过调整输入变量，比较曲线拟合度对系统的影响，了解给定时间序列的产生机理。它还可以对未来进行预测，当系统运行偏离目标时便可进行必要的控制。

3.2 时间序列检验

3.2.1 时间序列的平稳性检验

（1）时间序列的平稳性。所谓时间序列的平稳性，是指时间序列的统计规律不会随着时间的推移而发生变化。也就是说，生成变量时间序列数据的随机过程的特征不随时间变化而变化。如果该随机过程的随机特征随时间变化，则称过程是非平稳的。时间序列分析的基本用途就是根据过去预测未来，也即用一个时间序列中的变化去说明另一个时间序列中的变化，因此必须假定过去的发展过程是什么样的，将来也应该如此，称之为平稳性假定。随机时间序列模型的平稳性，可通过它所生成的随机时间序列的平稳性来判断。

如果一个 p 阶自回归模型 AR(p) 生成的时间序列是平稳的,就说该 AR(p) 模型是平稳的,否则,就说该 AR(p) 模型是非平稳的。

假定一时间序列是由某一随机过程生成的,即假定时间序列 {Xt} (t=1, 2,…) 的每一个数值都是随机得到的,如果时间序列 {X_t} (t=1, 2,…) 满足下列条件:

(i) 均值 $E(X_t) = \mu$,是与时间 t 无关的常数;

(ii) 方差 $Var(X_t) = E(X_t - \mu)^2 = \sigma^2$,是与时间 t 无关的常数;

(iii) 协方差 $Cov(X_t, X_{t+k}) = E[(X_t - \mu)(X_{t+k} - \mu)] = \gamma_k$,与时间间隔 k 有关,也是与时间 t 无关的常数。

则可以称该随机时间序列是平稳的,而该随机过程是一个平稳随机过程。如果随机时间序列不平稳,如果是均值非平稳序列,可以采用差分或季节差分变换的方法改变原序列的平稳性,如果是方差非平稳序列,可以采用对数变换、平方根变换等方法进行数据整理,以实现序列平稳,便于分析。

(2) 平稳性的单位根检验。在现实经济中,大多数的经济变量都是非平稳的,而计量经济学建模过程中经常假定经济时间序列是平稳的,这样,在回归分析中可能导致虚假回归或伪回归而使回归结果无效。因此在对变量进行协整分析之前,必须对时间序列数据进行平稳性检验。单位根检验就是检验时间序列的平稳性,较为常用的检验方法有迪基—福勒检验、扩展的迪基—福勒检验和菲利普斯—佩荣检验。其中最早由 Fuller 和 Dickey (1976) 提出,后经 Fuller 和 Dickey (1979,1981) 扩展的 ADF 检验是最重要、最常用的一种检验方法。

ADF 检验方程为:

模型 1(无常数项和时间趋势项):

$$\Delta X_t = \delta X_{t-1} + \sum_{i=1}^{m} \beta_i \Delta X_{t-i} + \varepsilon \quad (3.6)$$

模型 2(有常数项和无时间趋势项):

$$\Delta X_t = \alpha + \delta X_{t-1} + \sum_{i=1}^{m} \beta_i \Delta X_{t-i} + \varepsilon_t \tag{3.7}$$

模型 3（有常数项和时间趋势项）：

$$\Delta X_t = \alpha + \beta t + \delta X_{t-1} + \sum_{i=1}^{m} \beta_i \Delta X_{t-i} + \varepsilon_t \tag{3.8}$$

其中，t 为时间变量，原假设 H0：$\delta = 0$，即存在一单位根。实际检验时一般从模型 3（有常数项和时间趋势项）开始，然后是模型 2 和模型 1。何时检验拒绝原假设，即表明原序列不存在单位根，其为平稳序列，则何时停止检验。

在进行 ADF 根检验时，根据生成的时间序列图来决定模型中是否添加常数项或者时间趋势。含常数项意味着所检验的时间序列均值不为零，可以通过观察序列图是否在一个以 0 为均值的位置随机变动，进而决定是否添加常数项；检验回归中含线性趋势意味着原序列中具有时间趋势，通过观察时间序列图是否随时间变化而变化，进而决定是否添加时间趋势。

3.2.2 时间序列的协整检验

协整理论是从经济变量的数据中所显示的关系出发，确定模型包含的变量和变量之间的理论关系，是 Granger 和 Engle 于 20 世纪 80 年代末正式提出的。协整理论认为，如果非平稳序列的某种线性组合可能呈现稳定性，那么变量之间就会存在长期稳定关系。

（1）单整。随机游走序列 $X_t = X_{t-1} + \mu_t$，经差分后等价变形为：

$$\Delta X_t = X_t - X_{t-1} = \mu_t \tag{3.9}$$

μ_t 为白噪声，因此差分后的序列 $\{\Delta X_t\}$ 是平稳的。如果一个时间序列经过一次差分变成平稳的，称 1 阶单整，记为 $X_t \sim I(1)$。若序列 $\{\Delta X_t\}$ 经过 d 阶差分 $\Delta^d X_t = \Delta(\Delta^{d-1} X_t)$ 后成为平稳的，则称该时间序列 d 阶单整，记为 $X_t \sim I(d)$。

(2) 协整。相关经济理论指出，经济变量具有各自的长期波动规律，如果经济变量是协整的，则协整的经济变量之间存在着长期稳定的均衡关系。如果变量在某个时期受到干扰并使其偏离长期均衡点，则这种均衡机制将会在下一期进行调整，使其重新回到均衡状态。

如果两个变量都是单整变量，只有当它们的单整阶数相同时，才可能协整；如果它们的单整阶数不相同，就不可能协整。两个以上变量如果具有不同的单整阶数，有可能经过线性组合构成低阶单整变量。

如果两时间序列 $Y_t \sim (d)$，$X_t \sim I(d)$，则通过最小二乘法 OLS 生成线性回归方程：

$$Y_t = \alpha + \beta X_t + \varepsilon_t \tag{3.10}$$

检验式 (3.10) 残差 ε_t 的平稳性，如果 ε_t 平稳，则两序列具有协整关系，如果 ε_t 不平稳，则不存在协整关系。对变量之间进行协整检验可以有效避免数值分析中出现伪回归。

3.2.3 时间序列的格兰杰因果检验

因果关系是指变量之间的依赖性，作为结果的变量是由作为原因的变量所决定的，原因变量的变化引起结果变量的变化，格兰杰从预测的角度提出了一种检验程序，称之为格兰杰因果检验。

对两变量 Y 与 X，格兰杰因果关系检验要求估计以下回归：

$$Y_t = \sum_{i=1}^{m} \alpha_i X_{t-i} + \sum_{i=1}^{m} \beta_i Y_{t-i} + \mu_{1t} \tag{3.11}$$

$$X_t = \sum_{i=1}^{m} \lambda_i Y_{t-i} + \sum_{i=1}^{m} \delta_i X_{t-i} + \mu_{2t} \tag{3.12}$$

分四种情况讨论：

(1) X 对 Y 有单项影响，表现为式 (3.11) 中 X 各滞后项前的参数整体不为零，而式 (3.12) 中 Y 各滞后项前的参数整体为零。

(2) Y 对 X 有单项影响，表现为式 (3.12) 中 Y 各滞后项前的参数整体不为零，而式（3.11）中 X 各滞后项前的参数整体为零。

（3）Y 与 X 存在双项影响，表现为 Y 与 X 各滞后项前的参数整体不为零。

（4）Y 与 X 不存在影响，表现为 Y 与 X 各滞后项前的参数整体为零。

格兰杰因果检验是通过受约束的 F 检验完成的。为检验 X 是引起 Y 的原因假设，针对式（3.11）中 X 滞后项前的参数 αi 整体为零的假设，分别做受约束的无 X 滞后项的回归，得到受约束的残差平方和 RSS_R，和包括 X 滞后项的无约束的回归，得无约束的残差平方和 RSS_U，计算 F 统计量：

$$F = \frac{(RSS_R - RSS_U)/q}{RSS_U/(n-k)} \quad (3.13)$$

其中，n 为样本容量，q 为 X 的滞后项的个数，即有约束回归方程中带估计参数的个数，k 是无约束回归中待估计参数的个数。

如果在选定的显著性水平 α 上计算的 F 值超过临界 $F_\alpha(q, n-k)$ 值，则拒绝零假设，认为 X 是 Y 的原因。

需要指出的是，格兰杰因果关系检验对于滞后期长度的选择有时很敏感，不同的滞后期可能会得到完全不同的检验结果。因此，一般而言，常进行不同滞后期长度的检验，以检验模型中随机干扰项不存在序列相关的滞后期长度来选取滞后期。

3.3 低碳经济发展协调性分析

3.3.1 数据选取

研究选取美国能源信息署（EIA）提供的世界各国历年二氧化碳（CO_2）排放数据中的中国 1985~2008 年二氧化碳排放量和国家统计年鉴中发布的 1985~2008 年国内生产总值（GDP）、能源消费等数据资料，利用 Eview 6.0 软件来进行协整合因果检验。其中国内生产总值（GDP）为消除相应物价水平影响后的不变价数值（见表3-1）。

表3-1　1985~2008年中国国内生产总值、能源消费和二氧化碳排放值

年份	国内生产总值 GDP（亿元）	能源消费 ENE （万吨标准煤）	二氧化碳排放量 CO_2（百万公吨）
1985	7595.20	76682.00	1873.52
1986	8240.79	80850.00	1987.46
1987	9188.48	86632.00	2120.56
1988	10226.78	92997.00	2259.37
1989	10656.31	96934.00	2294.51
1990	18547.90	98703.00	2288.95
1991	20250.40	103783.00	2389.19
1992	23134.20	109170.00	2469.80
1993	26364.73	115993.00	2648.54
1994	29813.42	122737.00	2855.31
1995	33070.53	131176.00	2885.42
1996	36380.40	138948.00	2917.34
1997	39762.70	137798.00	3106.99
1998	42877.45	132214.00	2991.36
1999	46144.64	133830.97	2908.61
2000	99214.55	138552.58	2871.53
2001	107449.68	143199.21	2992.38
2002	117208.33	151797.25	3492.25
2003	128958.91	174990.30	4102.46
2004	141964.47	203226.68	5131.85
2005	183217.45	224682.00	5558.48
2006	204556.11	246270.00	5861.96

续表

年份	国内生产总值 GDP（亿元）	能源消费 ENE （万吨标准煤）	二氧化碳排放量 CO_2（百万公吨）
2007	231228.43	265583.00	6246.55
2008	252038.99	285000.00	6533.55

注：GDP 为不变价国内生产总值，剔除了部分价格影响。
资料来源：《中国统计年鉴》2000~2009，EIA 数据中心。

3.3.2 数据分析

按照式（3.5）自回归移动平均过程 ARMA（p，q），和式（3.6）、式（3.7）、式（3.8）三种形式，对表 3-1 中的国内生产总值（GDP）、能源消费（ENE）和二氧化碳（CO_2）排放量进行平稳性检验，即 ADF 检验，结果如表 3-2 所示。

表 3-2　　　　　　GDP，ENE，CO_2 的 ADF 检验结果

变量	模型形式	ADF 统计量	临界值	P 值	结论
GDP	(C, 0, 0)	3.092185	1% level：-3.752946 5% level：-2.998064 10% level：-2.638752	1.0000	不平稳
ENE	(C, 0, 2)	1.593044	1% level：-3.788030 5% level：-3.012363 10% level：-2.646119	0.9989	不平稳
CO_2	(C, 0, 1)	0.169612	1% level：-3.769597 5% level：-3.004861 10% level：-2.642242	0.9639	不平稳

根据表 3-2，国内生产总值（GDP）、能源消费（ENE）和二氧化碳（CO_2）排放量时间序列的 ADF 值分别为 3.092185，1.593044，0.169612，均大于 1%、5% 和 10% 不同水平下的临界值，根据检验中的 P 值，认定接受原假设，变量存在单位根，时间序列不平稳，需要进一步分析检验，在图 3-1 和图 3-2 中也显示国内生产总值（GDP）、能源消费（ENE）、二氧化碳（CO_2）排放量为非平稳序列。

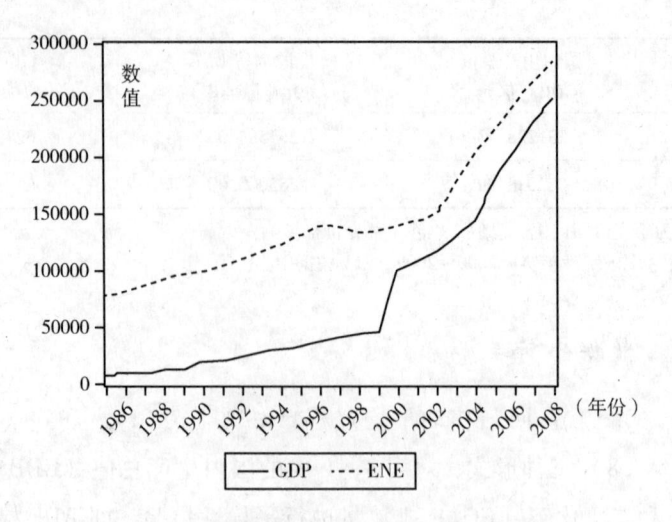

图 3-1 国内生产总值和能源消费 Eviews 折线

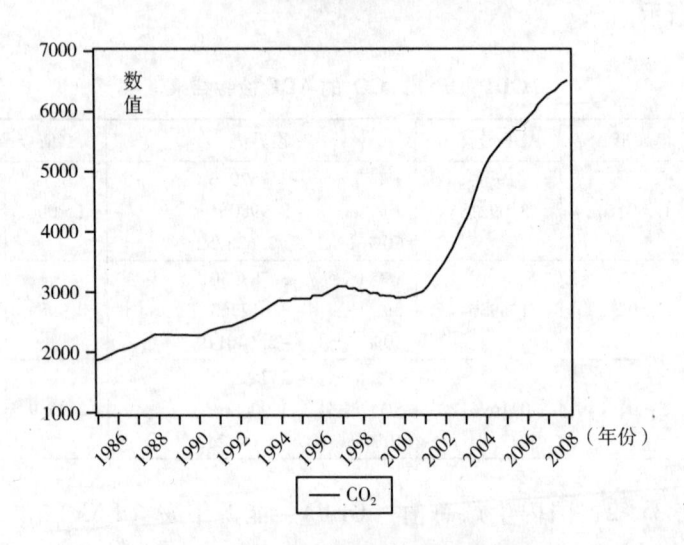

图 3-2 二氧化碳排放量 Eviews 折线

根据式 (3.9)，在原有基础上生成新的序列，令 DENE 表示能源消费 ENE 的年增长量，DCO_2 表示二氧化碳的年增长量，然后根据式 (3.6)、式 (3.7)、式 (3.8) 对 GDP、DENE 和 DCO_2 一阶差分进行 ADF 检验，结果见表 3-3。

表 3-3　　　GDP, DENE, DCO$_2$ 的一阶差分 ADF 检验结果

变量	模型形式	ADF 统计量	临界值	P 值	结论
GDP	(C, 0, 1)	-3.361443	1% level: -3.769597 5% level: -3.004861 10% level: -2.642242	0.0241	平稳
DENE	(C, 0, 1)	-3.954237	1% level: -3.808546 5% level: -3.020686 10% level: -2.650413	0.0073	平稳
DCO$_2$	(C, 0, 1)	-4.863463	1% level: -3.788030 5% level: -3.012363 10% level: -2.646119	0.0009	平稳

由表 3-3 知，GDP 的一阶差分 ADF 值 -3.361443 比 1% 水平下的临界值大，但比 5% 和 10% 水平下的临界值小，而且 P 值为 0.0241，所以认为 GDP 的一阶差分拒绝原假设，序列平稳，序列 GDP 一阶单整，GDP ~ I(1)。DENE 和 DCO$_2$ 的一阶差分 ADF 值比 1%，5% 和 10% 水平下的临界值都小，所以 DENE 和 DCO$_2$ 序列平稳，均一阶单整，DENE ~ I(1)，DCO$_2$ ~ I(1)。

对 GDP 和 DENE，GDP 和 DCO$_2$ 做协整检验，选取 GDP 为因变量，DENE 和 DCO$_2$ 为自变量，通过最小二乘法（OLS）构造一元回归模型

$$GDP = 17290.75036 + 6.829982201 \times DENE \quad (3.14)$$

$$GDP = 45131.21554 + 167.9125527 \times DCO_2 \quad (3.15)$$

对 DENE 和 DCO$_2$ 做协整检验，选取 DENE 为因变量，DCO$_2$ 为自变量，构造一元回归模型

$$DENE = 3360.8063 + 28.1155819 \times DCO_2 \quad (3.16)$$

再检验 GDP 和 DENE 的非均衡误差序列 ε_1，GDP 和 DCO$_2$ 的非均衡误差序列 ε_2，DENE 和 DCO$_2$ 的非均衡误差序列 ε_3 的单整性。

$$\varepsilon_1 = GDP - 17290.75036 - 6.829982201 \times DENE \quad (3.17)$$

$$\varepsilon_2 = GDP - 45131.21554 + 167.9125527 \times DCO_2 \quad (3.18)$$

$$\varepsilon_3 = DENE - 3360.8063 + 28.1155819 \times DCO_2 \quad (3.19)$$

由 Eviews6.0 计算，由表 3-4 可以看出，非均衡误差序列 ε_1 在 1% 和 5% 水平下，ε_2 在 1%、5% 和 10% 水平下，ε_3 在 5% 和 10% 水平下分别拒绝了原假设，为平稳序列。因此，非均衡误差序列检验结果认为，GDP 和 DENE，GDP 和 DCO_2 的 ADF 均拒绝了原假设，均具有协整关系。

表 3-4 非均衡误差序列 e_1、e_2、e_3 的 ADF 检验结果

变量	ADF 统计量	临界值	P 值	结论
e_1	-3.672676	1% level：-4.571559 5% level：-3.690814 10% level：-3.286909	0.0516	平稳
e_2	-5.043357	1% level：-4.532598 5% level：-3.673616 10% level：-3.277364	0.0038	平稳
e_3	-3.008828	1% level：-3.769597 5% level：-3.004861 10% level：-2.642242	0.0496	平稳

依此，再根据式（3.12）对 GDP 和 DENE，GDP 和 DCO_2，DENE 和 DCO_2 分别进行格朗杰因果检验，结果如表 3-5，表 3-6，表 3-7 所示。

表 3-5 GDP 和 DENE 的格兰杰检验结果

滞后阶数	原假设	样本数	F 值	概率
2	DENE 不是 GDP 的格兰杰原因	21	0.98536	0.39485
	GDP 不是 DENE 的格兰杰原因		3.85498	0.04300
3	DENE 不是 GDP 的格兰杰原因	20	0.54758	0.65848
	GDP 不是 DENE 的格兰杰原因		1.84408	0.18896
4	DENE 不是 GDP 的格兰杰原因	19	0.61406	0.66227
	GDP 不是 DENE 的格兰杰原因		5.75631	0.01142

由表 3-5 知，在 2 阶和 4 阶滞后项下，GDP 和 DENE 的格兰杰检验结果中，原假设"GDP 不是 DENE 的格兰杰原因"中的 P 值分别为 0.043 和 0.01142，认为拒绝原假设，即 GDP 是引起能源消费增加的原因。原假设

"DENE 不是 GDP 的格兰杰原因"在 2 阶和 4 阶滞后项下的 P 值分别为 0.39485 和 0.66227，在 3 阶滞后项中 P 值为 0.65848，所以认为接受原假设，DENE 不是引起 GDP 的原因，即能源消费增加则不是 GDP 的原因。在当前经济增长中，经济增长会增加能源消费，符合当前能源驱动的经济增长模式。

表 3-6　　　　　　　GDP 和 DCO_2 的格兰杰检验结果

滞后阶数	原假设	样本数	F 值	概率
2	DCO_2 不是 GDP 的格兰杰原因	21	0.13289	0.87652
2	GDP 不是 DCO_2 的格兰杰原因	21	1.15354	0.34041
3	DCO_2 不是 GDP 的格兰杰原因	20	0.83572	0.49798
3	GDP 不是 DCO_2 的格兰杰原因	20	2.07037	0.15372
4	DCO_2 不是 GDP 的格兰杰原因	19	1.50835	0.27195
4	GDP 不是 DCO_2 的格兰杰原因	19	2.35637	0.12386

表 3-6 显示，在 2 阶、3 阶和 4 阶滞后项下，GDP 和 DCO_2 的格兰杰检验中，原假设"DCO_2 不是 GDP 的格兰杰原因"中的 P 值分别为 0.87652、0.49798 和 0.27195，原假设"GDP 不是 DCO_2 的格兰杰原因"中的 P 值分别为 0.34041、0.15372 和 0.12386，二者因果检验中的 P 值并不显著，因此，认为 GDP 与二氧化碳排放量增加的因果关系不显著。

表 3-7　　　　　　　DENE 和 DCO_2 的格兰杰检验结果

滞后阶数	原假设	样本数	F 值	概率
2	DCO_2 不是 DENE 的格兰杰原因	21	1.95581	0.17382
2	DENE 不是 DCO_2 的格兰杰原因	21	4.18973	0.03442
3	DCO_2 不是 DENE 的格兰杰原因	20	3.91013	0.03425
3	DENE 不是 DCO_2 的格兰杰原因	20	5.90398	0.00904
4	DCO_2 不是 DENE 的格兰杰原因	19	3.08985	0.06735
4	DENE 不是 DCO_2 的格兰杰原因	19	8.30938	0.00321

表 3-7 显示，在 2 阶、3 阶和 4 阶滞后项下，原假设"DENE 不是 DCO_2 的格兰杰原因"中的 P 值分别为 0.03442、0.00904、0.00321，因此认为拒绝

原假设，能源消费的增加是二氧化碳增加的原因。这也与当前关于能源消费与二氧化碳排放增加的研究一致。

3.3.3 结论

从对1985~2008年我国二氧化碳排放量和GDP、能源消费等数据分析，得出以下结论：

（1）经济增长通常会拉动能源消费的增长，能源消费增加又是二氧化碳排放增加的原因。目前以高碳化石能源为主的能源结构必然引起二氧化碳排放量的增加，也就是全球温室效应形成的最主要原因。

（2）由实证分析，能源消费并不一定使得GDP增加，即能源消费增加并不一定推动经济增长，经济增长并不是建立在能源消费增加的基础上的。

（3）GDP与二氧化碳排放量增加的因果关系不显著。

（4）在经济发展过程中，从理论分析上，可以实现经济增长和能源消费增加的脱钩，建立不依赖能源消费特别是高碳化石能源消费的经济发展模式。发展低碳经济正是解决这一问题的最佳方法，打破随着经济增长、高碳化石能源消费也增加的伴随效应，从而实现经济增长和能源消费增加的脱钩。

（5）通过研究和实践，找出二氧化碳排放的影响因子，在经济增长中实现碳排放的降低，从而实现经济增长和二氧化碳排放的脱钩。

3.4 本章小结

通过对1985~2008年的时间序列分析得出，GDP是引起能源消费增加的原因，而能源消费增加则不是GDP的原因，能源消费的增加是二氧化碳增加的原因，GDP与二氧化碳排放量增加的因果关系并不显著。因此，理论上可以实现经济增长与高碳化石能源消费增加的脱钩、经济增长和二氧化碳排放的脱钩。

第4章 温室效应及二氧化碳排放的因子分析

近几年来，研究发现，温室效应越来越明显，极端性气候事件频发。从全球范围来看，特别自 20 世纪 90 年代以来，干旱、洪涝、酷热、严寒等极端性气候事件出现的频率不断上升，土壤沙化、海平面上升、农作物减产、生物种类减少等极端性气候已经给人类社会造成了巨大的经济和生态损失，人类的生存条件日益恶劣，已经给人类社会发展甚至是生命安全造成了很大的影响。联合国政府间气候变化委员会（IPCC）认为，这些都是由以二氧化碳为主的温室气体排放增加引起的。

4.1 温室效应

温室效应又称"花房效应"，是大气保温效应的俗称。太阳短波辐射透过大气射入地面，由于大气吸收了地表反射太阳短波辐射向外放出的长波热辐射线，使地表与低层大气温度增高，因其作用类似于栽培农作物的温室，故名温室效应。大气中的二氧化碳就像一层厚厚的玻璃，使地球变成了一个大暖房。

温室效应主要是由于现代工业社会过多使用化石燃料排放出大量二氧化碳进入大气中所造成的。由于二氧化碳的吸热和隔热功能，大气中增多的二氧化碳在地球外围如一层保护罩一样，使太阳辐射到地球上的热量无法向外层空间发散，从而造成地球表面温度不断升高。自工业革命以来，高耗能工业的快速发展，人类向大气中排放的以二氧化碳为主的温室气体逐年增加，由于温室气体的强吸热性，大气的温室效应逐渐显现，已经引起全球气候变暖等一系列气候事件[①]，考虑到温室效应对大气和海洋环流的影响，地球表面平均温度上升改变了大气中能量场的分布，也改变了降水的时空分布，温室效应将会带来更多的极端天气，夏天更热、冬天更冷、干旱、洪涝等极端气候事件频发。这些已经引起了全世界各国的持续关注。

1997年，在日本京都召开的《气候框架公约》第三次缔约方大会上通过的《京都议定书》（Kyoto Protocol），为各国的二氧化碳排放量制定了标准。《京都议定书》中的附件A中明确规定：温室气体为二氧化碳（CO_2）、甲烷（CH_4）、氧化亚氮（N_2O）、氢氟碳化物（HFCs）、全氟碳化物（PFCs）和六氟化硫（SF_6）。各温室气体在空气中含量不同（见表4-1），对气候变暖的作用力也不尽相同（见表4-2），其中，排放一吨甲烷相当于排放21吨二氧化碳，排放1吨氧化亚氮相当于310吨二氧化碳，排放一吨氢氟碳化物相当于排放140~11700吨二氧化碳。在诸多温室气体当中，二氧化碳是规模最大、影响程度最深的一种，也与人类各种社会生产和生活联系最为紧密，因而，采取有效措施来削减二氧化碳的排放量成为全球应对气候变化的首要目标。

表4-1　　　　　　　　　　温室气体比例

类别	氢氟烃	一氧化二氮	沼气	全氟碳化物	六氟化硫	二氧化碳
含量	1.5%	1.3%	2.1%	0.8%	0.8%	93.7%

表4-2　　《京都议定书》附件A中的温室气体类别及温升影响指数

温室气体	温升影响指数	温室气体	温升影响指数
CO_2（二氧化碳）	1	HFCs（氢氟碳化物）	140~11700
CH_4（甲烷）	21	PFCs（全氟碳化物）	6500~9200
N_2O（氧化亚氮）	310	SF_6（六氟化硫）	23900

---

① 虽然目前国际社会和研究领域对引起气候变暖的原因有争议，但主流研究认为温室气体增加引发的温室效应是地球变暖的直接原因。

4.2 二氧化碳排放的 PSR 模型

4.2.1 PSR 模型

压力—状态—响应（Pressure-State-Response，PSR）模型是环境质量评价中常用的一种评价模型，最初由加拿大统计学家 Rapport 和 Friend 于 1979 年提出，20 世纪 70 年代，加拿大政府首先使用 PSR 模型建立经济预算与环境问题的指标体系，其指标体系建立全面、内在关系明晰的特点得到了一致认可。20 世纪八九十年代由经济合作与发展组织（Organization for Economic Co-operation and Development，OECD）和联合国环境规划署（United Nations Environment Programme，UNEP）共同发展用于研究环境问题的框架体系。其后，世界银行（The World Bank）、美国环境保护局（Environmental Protection Agency，EPA）、瑞典环境部（Sweden Ministry of Environment，SME）等组织和机构都以 PSR 框架为基础，根据各自研究对象的特点提出了适用的评价指标体系。

PSR 模型从指标产生的机理方面着手构建评价指标体系，使用"原因—效应—响应"的思维逻辑来描述可持续发展的调控过程和机理，解释发生了什么、为什么发生以及如何应对等三个问题，体现了人类与环境之间的相互作用关系。在经济发展过程中，人类从自然环境中发现并攫取生存与发展所需的自然资源，同时向外界环境排放生产生活过程中产生的各种废弃物。人类一取一排的物质和能量流动改变了自然资源储量和自身赖以生存的环境质量，自然和环境的改变又反过来作用于人类社会，影响社会福利和生产生活的正常进行。在获取自然界的正向或负向反馈后，人类社会又会通过环境和经济政策做出反应，开展环境保护行动。通过反馈循环机制，人类与自然界之间相互作用和调节，构成了人类社会与自然环境之间的压力—状态—响应关系。

PSR 模型设置了压力、状态和响应三类指标。压力指标是用来衡量人类生产生活对环境的影响，通常是指废弃物的排放和资源利用强度，如经济发展过程中产生的废弃物排放等对环境的破坏以及资源循环利用程度等,来说明为什么会有现在严重的环境问题发生;状态指标是用来衡量特定时间段内的环境存量,即生态环境现状、人类健康状况等,来说明整个社会系统、经济系统和环境系统发生了怎样的变化;响应指标是用来衡量社会和个体采取行动来减轻、修复人类活动对现有生态环境造成的破坏,阻止和预防新的破坏生态环境行为发生的措施,来说明保护生态环境的已有行动和应该采取何种行动来预防破坏行为发生的问题。PSR模型被广泛地应用于可持续发展相关指标体系研究和环境保护投资分析等领域。

经济合作与发展组织(OECD)建立的压力—状态—响应模型认为,人与自然界之间的相互作用关系,首先是人类为获得基本的物质资源与条件,对自然界进行一系列高投入、高使用强度的利用和改造活动,自然环境承受了人口增长、经济发展和社会进步所带来的压力(P);压力反映了自然资源可持续利用的社会经济动因。压力会影响到环境的质量以及自然资源的数量(状态),生态平衡被打破,水土流失、气候变暖、极端气候事件频发等构成了自然环境被扰动的状态(S)。自然界对人类活动的反馈,通过其状态变化来影响社会经济;社会通过意识和行为改变、环境政策、经济政策以及部门政策(响应)对压力所导致的变化做出响应(R),包括制度建设、管理与技术改进、社会发展与经济结构调整、教育与科技进步等,是对自然环境的调控。PSR模型揭示出自然界与人类相互作用的链式关系,构成模式的基本层面;并通过作用—反馈—再作用的循环过程逐步达到自然环境可持续发展的目标。

4.2.2 压力(P)

在人口增长、以大量消耗自然资源为基础的社会经济发展造成生态环境的大肆破坏,工业生产造成废水废气的不断排放,尤其是先前没有引起足够重视的二氧化碳等温室气体的排放,引起了全球范围的温室效应,直接和间接对生态环境系统产生了极大的压力。联合国政府间气候变化委员会(IPCC)认为,人类活动排放了大量的二氧化碳等温室气体,加剧了温室效应,使得全球气候变暖，未来将有更多更严重的极端天气气候事件出现。在2007年IPCC第四次评估报告认为，伴随全球气候变化，极端气候事件的种类、发生的频率和强度将发生改变。气候变暖、气温上升意味着地球上的水分蒸发量加大，空气中水分含量增多。同时，地面和海洋的温度会随着气候变暖而升高，大气中不稳定的流动能量会随之增加，不稳定的流动能量越大，发生台风的概率就越大，而且强度越强，甚至连大气中的电场强度也会随之增加，这几种力量作用在一起，极容易发生强对流天气和极端气候事件。

二氧化碳排放量的急剧增加，不断挑战生态承载力阈值，使生态承载力阈值不断接近和挑战警戒水平，直至最后完全突破生态承载力阈值，进入一种不稳定的状态中。

4.2.3 状态（S）

温室效应逐步显现，冰川融解，海平面升高，极端气候①频发，气候难民②增多，生物多样性受到挑战，对自然环境本身、人类生产生活造成很多负面影响。

（1）农业。联合国政府间气候变化专门委员会（IPCC）第四次评估报告认为，基于不同的经济社会情景，未来二氧化碳排放量仍将持续大量增加，全球地表的平均增温1.1℃~6.4℃，未来气候变暖后，必将对农业生态环境和农业生产系统产生一系列影响。

在第一次工业革命初期，空气中二氧化碳的平均浓度为280ppm③，而目

---

① 世界气象组织规定，如果某个（些）气候要素的时、日、月、年值达到25年以上一遇，或者与其相应的30年平均值的"差"超过了二倍均方差时，这个（些）气候要素就属于"异常"气候值。出现"异常"气候值的气候就称为"极端气候"。干旱、洪涝、高温热浪和低温冷害等都可以看成极端气候。

② 气候难民是指因为气候变暖等特别因素而导致的生存受到威胁的人们。国际移民组织（IOM）2009年报告显示，2008年有多达2000万人因突发的环境灾难而被迫逃离家园，而随着全球持续变暖，此类灾难未来势必恶化。未来40年将有10亿人因气候变化而流离失所。

③ ppm表示百万分之一，即一百万体积的空气中所含污染物的体积数，是对大气中污染物浓度的表示方法之一。

前空气中二氧化碳的平均浓度为370ppm～380ppm。如果按照目前二氧化碳的排放状况，到2050年，空气中二氧化碳的平均浓度将达到500ppm～550ppm。德国联邦农业研究所的农作物专家采用向塑料棚里输入二氧化碳的方法，使试验棚里的二氧化碳浓度达到预测的550ppm，先后对此种环境下的冬小麦、甜菜、玉米等农作物的生长过程进行观察。经过多年的试验证明，气候变暖及二氧化碳浓度增加通常使农作物的产量增加，但质量会下降[70]，大豆、冬小麦和玉米的氨基酸和粗蛋白含量均呈下降趋势[71-72]。气候变暖可能使作物生长过程中病虫害发生频率和蔓延的范围增加，气候的反常通常会使农业蒙受损失。恶劣的气候曾经使欧洲小麦主产区遭受灾难性损失，粮食主要出口国粮食减产，危及世界粮食安全。

A. J. Bloom 的研究认为，只要加强管理，C3 植物①产量会随着二氧化碳浓度的增加而增加[73]。二氧化碳浓度增加，能提高作物的光合强度，作物的生长加快，从而暂时提高作物产量，其中 C3 植物比 C4 植物②产量提高更多，随着温度的继续升高，产量将随之下降。另外，二氧化碳浓度增加提高粮食产量的同时，也加剧了栽培植物和野生植物的竞争，改变生态系统的初级生产力和农业的土地承载力，使得土壤肥力下降，导致生态系统功能下降，土壤初级生产力下降。气候变暖后，农业需水量加大，对农业生产造成严重影响。由温室效应导致的气温和降水量的变化，会引起土壤有机质分解加快，造成地力下降，可能加剧一些灾难性病虫害的大爆发，导致肥料和农药施用量增大，成本投入增加[74]。气温升高造成的海平面上升可能会淹没部分农田，造成土地盐化，对沿海滩涂的农业开发不利。

（2）能源和工业。从世界范围来看，二氧化碳排放增加引起的气候变暖将减少较寒冷地区冬季供暖所带来的能源消耗，同时增加较温暖地区夏季制

---

① 光合作用中同化二氧化碳的最初产物是三碳化合物即三磷酸甘油酸，然后进一步合成糖和淀粉的植物，如小麦、水稻大豆、棉花等大多数作物。

② 光合作用暗反应存在 C4 途径的植物，二氧化碳被固定后先产生1个四碳化合物。玉米、甘蔗等是 C4 植物。

冷所需的能源消耗。根据一些 GCM①估算的变暖状况，未来美国的北方年发电需求量可能将略微减少，而南方发电能力可能要增加 30% 才能满足较暖气候下的经济生活。对广大发展中国家而言，能源消耗的增长更强烈地依赖于经济发展。以水力发电为例，一方面，蒸发量随增温而增加，造成发电可用水流量不足；另一方面，未来强对流降水频率可能增加，对汛期降水的利用和电力设施的基础建设投资都有很高的要求。未来全球环境格局还将对工业活动产生间接但重大制约。国际性公约和公众舆论使产生大量温室气体的工业活动将受到越来越多的政策性压力和税收负担，而节能节水装置、耐高温作物研究技术或生物技术工程等则可能获得广阔的市场。

（3）极端气候变化。联合国政府间气候变化专门委员会（IPCC）认为，人类活动排放了大量的二氧化碳等温室气体，使温室效应加剧，气候变暖，未来将有更多更严重的极端天气气候事件。IPCC 在 2007 年的第四次评估报告中指出，伴随地球气候变化，极端事件的种类、频率和强度将发生改变。气候变暖意味着蒸发量要加大，大量的水汽融到空气当中；此外，全球变暖，地面和海洋的温度也升高了，就使大气当中不稳定的能量增加，这种不稳定能量越大，台风的强度会越强，强对流天气也会越强，甚至连大气中的电场强度也会增强。而无论是大气里面所含的水汽量、不稳定能量还是电场强度，一旦都比以往来得更大，就极容易产生强对流天气和极端天气事件。

在全球气候变暖的大背景下，高温热浪事件对气候变暖的响应尤为突出，特别是自 20 世纪 90 年代以来，全球范围内极端高温热浪事件更是频繁发生，部分地区甚至年年都遭受高温热浪袭击，如欧洲极为罕见的在 2003 年、2006 年、2007 年和 2010 年接连出现高强度的高温热浪。美国在近 10 年内出现的创纪录的高温天数是创纪录的低温天数的两倍以上。高温和暴雨天气将危害

---

① GCM（General Circulation Model），全球环流模式，是模拟全球气候的一种数学模型，也是目前有关全球变化的各种动力学模式中最为成功的一种模式。用现行条件下二氧化碳的含量，以及二氧化碳含量的倍增值分别输入模式实施数值积分，就可以根据模式输出的要素分布进行对比分析，判别二氧化碳尝试倍增对气候的影响。

世界部分地区，导致森林火灾和病疫蔓延；海平面上升将令沿海地区洪涝灾害增多、陆地水源盐化；一些地区饱受洪涝灾害的同时，另一些地区将在干旱中煎熬，遭遇农作物减产和水质下降等困境。

21世纪以来，中国暴雨极端事件出现频率上升、强度增大。中国目前面临干旱、洪涝、热带气旋与风暴、寒潮与冻害以及高温和热浪等多种气候问题。2010年上半年，我国多个地方出现干旱、低温、暴雨、高温等极端性天气事件[75]。从全球范围来看，自20世纪90年代以来，干旱、洪涝、酷热、严寒等极端性气候事件出现的频率不断上升，土壤沙化、海平面上升、农作物减产、生物种类减少等，极端性气候已经给人类社会造成了巨大的经济和生态损失，逐渐改变着人类的生存条件，对人类的生命安全也造成了很大的影响。

4.2.4 预警（R）

自然界的一系列变化逐渐被人类所认识，并开始展开诸多挽救措施，以减轻人类各项活动对环境造成的压力，实现整个社会的可持续发展。在全球范围内开展国际合作，各国政府纷纷响应，缔结公约、成立国际组织、定期举行会议交流减排经验、检验公约落实情况等。联合国气候变化大会就是一个降低二氧化碳排放很有效的运作平台。各国也在积极研发低碳能源来替代目前广为使用的高碳化石能源，降低生产生活中的二氧化碳排放。同时，利用科学技术和原始的自然修复等多种方式提高生态承载力也在不断进行中。

对于中国、印度等主要发展中国家，由于发展相对滞后，工业化和城市化尚未完成，碳排放量在一定时期仍将处于倒"U"曲线的上升趋势。受资源和环境承载限制，高耗能的传统工业化道路难以持续。如何兼顾经济发展与减少排放，使经济发展模式向可持续发展模式转变，是发展中国家乃至全世界共同面临的问题。作为人口最多、经济规模最大的发展中国家，中国面临着长期和艰巨的发展任务。中国的低碳转型，只能通过发展来实现，工业化和城市化还需要如城市基础设施等大量能源密集性资产的积累。在当前经济技术条件下，化石能源的市场竞争优势显然优于其他能源品种。如果立即抛弃化石能源而采用成本相对高昂的可再生能源，中国的城市化、工业化进程必将严重滞后、拉长，经济发展也会被严重阻滞。因此，必须结合中国国情，分步骤、分阶段、有重点、有节制地开展，在可持续发展理念指导下，在保证经济平稳健康发展前提下，逐步开展"碳减排"行动。短期内，实现节能减排，尽可能减少碳排放；中期，力争实现温室气体排放的增长速度小于经济增长速度；长期则是在保持经济增长的同时实现温室气体绝对排放量的减少。

二氧化碳排放的压力—状态—响应模型（见图4-1）。

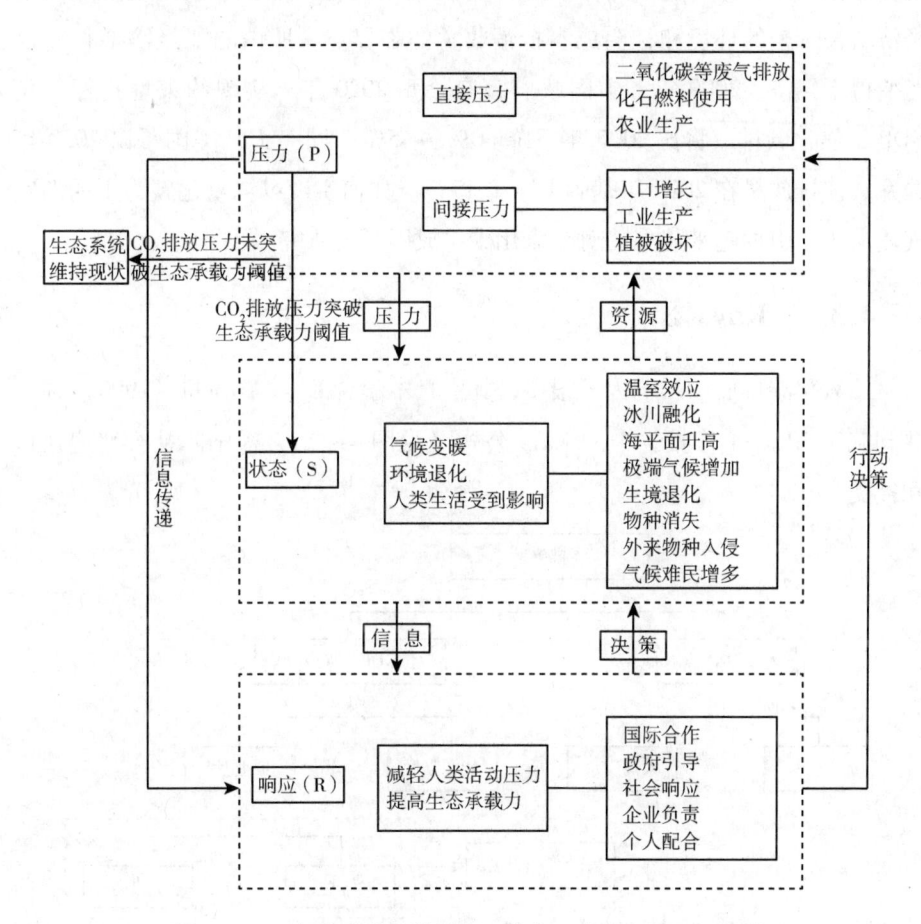

图4-1 二氧化碳排放的压力—状态—响应（PSR）模型

4.3 二氧化碳排放的因子分析

随着资源投入不断增加，能源利用强度不断加大，经济发展所带来的环境问题，特别是大气污染问题已相当严重。经济学家们指出，经济持续的高增长代价是人类近100年消耗的地球蕴含的资源超过以往历史的总和，而且仍在急剧增加，对环境的污染和破坏程度步步加重。人类已经到达或超越了经济增长带来的环境和社会成本抵消收益的临界点，所谓的"经济增长"已经变得不经济。2009年，中国政府宣布，到2020年，实现约束性指标单位GDP二氧化碳排放将比2005年下降40%~45%。同一天，美国承诺2020年温室气体排放量在2005年基础上减少17%。如何实现以二氧化碳为主的温室气体减排，引发越来越多的对二氧化碳排放因子的研究。

4.3.1 Kaya公式

二氧化碳排放的影响因子很多，其中日本学者Kaya Yoyichi（1990）提出并刊载于IPCC工作报告中的Kaya公式（见图4-2），被国际社会普遍认可和接受。

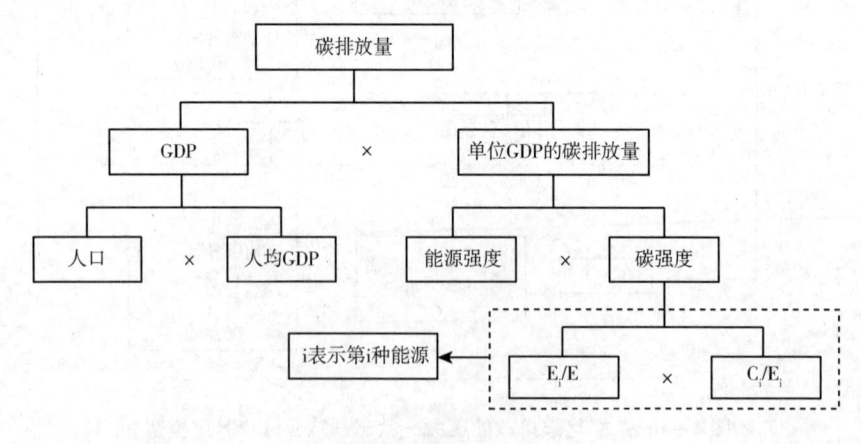

图4-2 Kaya公式

Kaya 公式揭示出了二氧化碳排放的推动力主要是 4 个因素。

$$C = \sum C_i = \sum \frac{E_i}{E} \times \frac{C_i}{E_i} \times \frac{E}{Y} \times \frac{Y}{P} \times P \tag{4.1}$$

其中，C 为总的二氧化碳排放量；C_i 为第 i 种能源的二氧化碳排放量，一般分为煤、石油、天然气；E 为一次能源消费量，即取自自然界没有经过加工转换的各种能源，包括原煤、原油；E_i 为第 i 种能源消费量；Y 为国内生产总值；P 为一国或地区人口数量。即碳排放量 = 人口 × 人均 GDP × 单位 GDP 的能源用量 × 单位能源用量的碳排放量。

Kaya 分解模型揭示出碳排放的推动力主要是四个因素：

(1) 人口。虽然欧洲一些国家人口净增长为负，包括中国在内的一些国家在努力控制人口，但可以预见的是，人口还会持续增长。人口越多，碳排放越多。日本国立环境研究所全球碳项目国际研究室 2009 年发表的报告指出，2008 年人类活动引起的二氧化碳排放量比 2007 年增加了 2%，平均每人排放量达 1.3 吨。

(2) 人均 GDP。这是反映居民生活水平的宏观经济指标，在追求经济发展的现代社会，各国都在努力提高人均 GDP。发展中国家人均 GDP 起点低，近年来增长迅速，在以化石能源为主的能源体系下，人均 GDP 的增加不可避免地使其碳排放也相应增长。

(3) 单位 GDP 的能源用量，又称"能源强度"。产业不同，能源强度不同。同一行业中，技术水平也会影响能源强度。当前社会的人口数量和经济发展都会不断提高，要大幅降低二氧化碳排放就必须降低单位 GDP 的能源强度，优化能源结构，充分应用以能效技术和可再生能源技术为核心的低碳技术，提高能源效率和节约能源，这是减排的有效方向之一。

(4) 单位能源用量的碳排放量，称"碳强度"。能源结构因素 Ei/E，即 i 种能源在一次能源消费中的比例，单位能源用量的碳排放量是二氧化碳排放的又一主要影响因素。碳强度在不同种类的能源差异很大，在化石能源中，煤的碳强度最高，石油次之，天然气最低。在可再生能源中，生物质能碳强度相对较低，水能、风能、太阳能、核能、地热和潮汐能等在使用过程中不产生有效碳排放，属于零碳能源。因此，发展低碳能源和可再生能源，实行能源结构多元化，是减轻碳足迹的有效手段。

4.3.2 二氧化碳排放因子的灰色关联分析

4.3.2.1 灰色关联理论

灰色关联度分析是灰色系统理论的一种分析方法，旨在寻求系统中各子系统之间的数值关系，对系统发展变化态势进行定量描述和比较，依据各因素发展态势的相似或相异程度来衡量因素间的关联程度。灰色关联度分析的基本思想是依据各系统序列曲线几何形状的相似程度来判断之间联系紧密程度。曲线的几何形状越接近，对应序列间的关联度就越大，反之则越小，并依此判断引起整个系统发展的主要和次要因素。关联度的基本思路是首先根据需要确定反映系统行为特征的参考数列和若干个影响系统行为的比较数列，通过计算各比较数列和参考数列间的关联度来分析各因素与主因素的关联程度，计算得到的数值越大，则被比较数列与参考数列间的关联度越大。

第一步：确定参考序列 $X_0'(k)$ 和比较数列 $X_i'(k)$。

$$x_0'(k) = (x_0'(1), x_0'(2), \cdots, x_0'(k)) \tag{4.2}$$

$$x_i'(k) = (x_i'(1), x_i'(2), \cdots, x_i'(k)) \tag{4.3}$$

其中，i 为比较序列个数，$i = 1, 2, \cdots, m$；k 为观测值数，$k = 1, 2, \cdots, N$。

第二步：对指标数据进行无量纲化处理。在多指标综合评价的过程中，由于系统中各因素的物理意义不同，不同指标间的单位和量级不同无法直接计算和比较，同时也为了简化计算，省去各指标不同单位换算的麻烦，要通过数学变换来消除指标量纲的影响，加强各因素间的接近性，增强可比性。无量纲化的方法常用的有初值化、均值化和极值化等，本书采用初值化法，即用每列数据除以该列第一个数据。数据处理后对应的新的参考数列为

$x_0(k)$，比较数列为 $x_i(k)$。

$$x_0(k) = \frac{x_0'(k)}{x_0'(1)} x_i(k) = \frac{x_i'(k)}{x_i'(1)} \quad (4.4)$$

第三步：计算比较序列 $x_i(k)$ 与参考序列 $x_0(k)$ 对应元素的绝对差值 $\Delta_{0i}(k)$，确定对应差序列最大值 $\Delta\max$ 和最小值 $\Delta\min$。

$$\Delta_{0i}(k) = |x_0(k) - x_i(k)| \quad (4.5)$$

$$\Delta\min = \min_i \min_k |x_0(k) - x_i(k)|,$$

$$\Delta\max = \max_i \max_k |x_0(k) - x_i(k)| \quad (4.6)$$

第四步：计算关联系数。

$$\zeta_i(k) = \frac{\Delta\min + \rho \cdot \Delta\max}{\Delta_{0i}(k) + \rho \cdot \Delta\max}, k = 1, 2, \cdots, N \quad (4.7)$$

其中，ρ 为分辨系数，$\rho \in (0, 1)$。其意义是削弱最大绝对差数值太大引起的失真，提高关联系数之间的差异显著性，ρ 越小，分辨力越大，一般取 $\rho = 0.5$。

第五步：计算关联度。关联系数是描述各不同时刻比较数列与参考数列数据间关联程度的指标，不同的参考数列与比较数列两两比较产生的关联系数较多，无法进行整体性比较和决策，这就需要集中不同时刻的关联系数，求出平均值，通过均值来衡量各影响因素与主因素的关联程度。

$$r_{0i} = \frac{1}{N} \sum_{k=1}^{N} \zeta_{0i}(k), (k = 1, 2, \cdots, N) \quad (4.8)$$

第六步：关联度排序。

按照式（4.8）计算出来关联度大小排列关联序。关联度越大，说明比较序列对参考序列的关联性越大，该指标对应的影响因子对参考数列对应的主因素影响也就越大。

4.3.2.2 实证分析

（1）数据选择处和理。参照国内外研究和国民经济发展实际，选取《中国统计年鉴2001~2008》中的国内生产总值、固定资产投资、居民消费、能源消费、人口数量等五个数据指标为二氧化碳排放影响因子，选取美国能源信息署（ENErgy Information Administration，EIA）提供的世界各国历年二氧化碳排放数据中中国二氧化碳排放量为评价指标（见表4-3），来分析中国二氧化碳排放与各影响因子的关联大小。

表4-3　　　　　　2000~2007年二氧化碳排放量与各因素数值

年份	二氧化碳排放量（吨）	GDP（亿元）	固定资产投资（亿元）	居民消费（亿元）	能源消费（万吨标准煤）	人口数量（人）
2000	2966.515	99214.6	32917.73	61516.0	138552.6	126743
2001	3107.987	109655.2	37213.49	66878.3	143199.2	127627
2002	3440.596	120332.7	43499.91	71691.2	151797.3	128453
2003	4061.640	135822.8	55566.61	77449.5	174990.3	129227
2004	4847.327	159878.3	70477.42	87032.9	203226.7	129988
2005	5429.304	183084.8	88773.61	97822.7	224682.0	130756
2006	6017.692	211923.8	109998.2	110595.3	246270.0	131448
2007	6283.555	249530.6	137323.9	128444.6	265583.0	132129

（2）数据分析。选取二氧化碳排放量为参考序列，以国内生产总值、固定资产投资、居民消费、能源消费、人口数量为比较数列进行分析。

以2000年数据为基准，对序列进行无量纲化处理，形成如下矩阵：

$$X_j(k) = \begin{pmatrix} 1 & 1.0477 & 1.1598 & \cdots & 2.1182 \\ 1 & 1.1052 & 1.2129 & \cdots & 2.5151 \\ \cdots & \cdots & \cdots & & \cdots \\ 1 & 1.007 & 1.0135 & \cdots & 1.0425 \end{pmatrix} \quad (4.9)$$

其中，j=0，1，2，…，5；k=1，2，…，7。

X_0、X_1、X_2、X_3、X_4、X_5分别为二氧化碳、国内生产总值、固定资产投资、居民消费、能源消费、人口数量的定基发展速度序列。

五种影响因子与二氧化碳排放的对应差值数列矩阵为：

$$\Delta_{0i}(k) = \begin{pmatrix} 0 & 0.0575 & 0.0530 & \cdots & 0.3969 \\ \cdots & \cdots & \cdots & \cdots & \cdots \\ 0 & 0.0438 & 0.1561 & \cdots & 2.0837 \\ \cdots & \cdots & \cdots & \cdots & \cdots \\ 0 & 0.0266 & 0.0821 & \cdots & 0.8743 \end{pmatrix} \quad (4.10)$$

则 $\Delta\min = 0$，$\Delta\max = 2.0837$。

取 $\rho = 0.5$，得出关联系数序列矩阵：

$$\zeta_{0i}(k) = \begin{pmatrix} 0.9477 & 0.9516 & 0.9998 & 0.9788 & 0.9857 & 0.9065 & 0.7241 \\ 0.9763 & 0.9056 & 0.7656 & 0.663 & 0.5503 & 0.4636 & 0.3861 \\ 0.9601 & 0.8697 & 0.7083 & 0.5893 & 0.4849 & 0.4029 & 0.3333 \\ 0.951 & 0.9372 & 0.9962 & 0.9525 & 0.9707 & 0.9808 & 0.8589 \\ 0.9751 & 0.927 & 0.8106 & 0.7025 & 0.6385 & 0.5846 & 0.5437 \end{pmatrix}$$

$$(4.11)$$

根据关联系数计算公式 $r_{0i} = \dfrac{1}{N}\sum\limits_{k=1}^{N}\zeta_{0i}(k)$，计算关联系数：

$r_{01} = 0.9277$，$r_{02} = 0.6729$，$r_{03} = 0.6212$，$r_{04} = 0.9496$，$r_{05} = 0.7403$。

4.3.2.3 结果分析

通过以上分析，可以看出：

（1）由各关联系数可以看出，$r_{04} > r_{01} > r_{05} > r_{02} > r_{03}$。从整体来看，影响中国二氧化碳排放量的主要因素是能源消费量和国内生产总值，其次是人口数量、固定资产投资和居民消费。其中，用 Eviews 软件得出能源消费量和二氧化碳排放量的相关系数最大，为 0.9496，也印证了第 3 章中分析能源消费与二氧化碳排放的因果关系。同时，国内生产总值与二氧化碳排放之间相关性较大，也是对第 3 章中无显著因果关系的补充说明。

目前以煤、石油、天然气等高碳化石能源为主要能源的能源结构，决定了能源消费必然会排放更多的二氧化碳，而当前的经济增长方式还基本上是以能源大量消费为代价的。因此，能源消费和经济增长对二氧化碳的排放有直接的影响，这符合世界各国经济发展规律。从图4-3也可以看出，能源消费标准化曲线和二氧化碳排放量标准化曲线最为相似，说明二者关联程度最强。

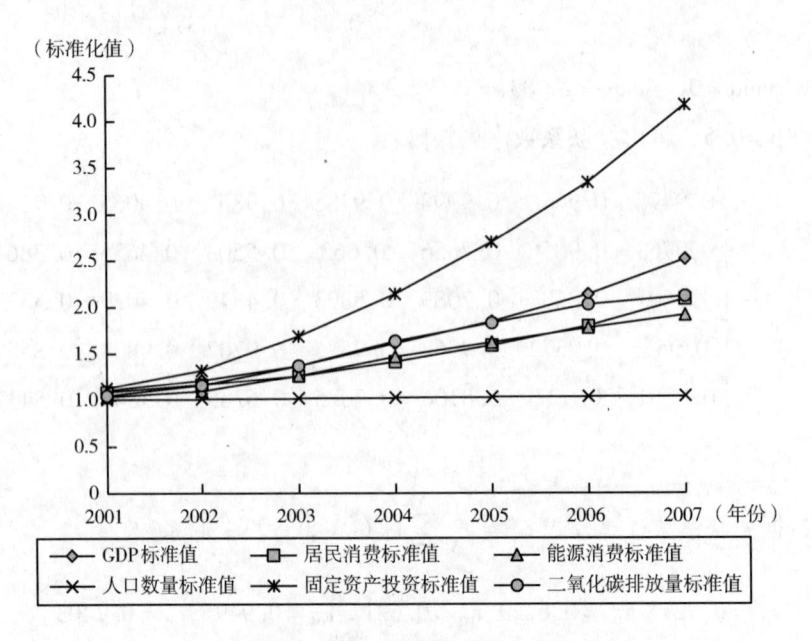

图4-3 2001~2007年各因子标准化序列趋势

（2）从图4-3中可以看出，五种影响因子标准化曲线均呈上升态势，说明五种影响因子与二氧化碳排放量均正相关。人口数量的增加一方面引起个人排碳总量增加，另一方面也会增加物质和能源消费，间接增加二氧化碳的排放。固定资产投资增加会拉动经济增长，增加能源消费，如果投资流向高耗能工业生产，对二氧化碳的排放更会起到推波助澜的作用。居民消费的增加引起投资增加，依据关联度的传递性，也会使得二氧化碳排放量增加。

（3）通过灰色关联度分析可以得出，能源消费对二氧化碳排放影响最大，其次是国内生产总值，最后是人口数量、固定资产投资和居民消费。因此，在确立低碳型环境保护评价指标时，应着重考虑以上几种影响因子在评价中的作用。

（4）由于数据采集、计算等各方面原因，研究没有引入对外贸易方面的因素，成为本书的一点缺失，以后的研究会对此进行补充。

4.4 本章小结

理论界认为，温室效应主要是由于现代工业社会过多燃烧化石燃料放出大量的二氧化碳进入大气层造成的。温室效应已经引起了全球气候变暖等一系列严重问题。对农业来说，温室效应会使农作物产量增加但质量下降，还可能造成土壤肥力下降，导致土壤初级生产力下降。对能源和工业的影响也存在着一定的不确定性，但危害性则是越来越突出。

通过二氧化碳排放的压力—状态—响应模型，在生态承载力越来越逼近极限时，自然环境不断对社会发出预警信息，这需要全社会行动起来，做出应对二氧化碳排放持续增加的行动。利用科学技术和原始的自然修复等提高生态承载力，政府对开发低碳技术和生产低碳产品的企业要加大补贴力度，推动低碳产品和服务向前发展，进而替代传统高碳产品和服务，一致降低二氧化碳的排放量。

由于全球气候变暖和温室效应，地球上的冰川和冰架目前正在不断消融，而且速度还在进一步地加快。在工业化不断深入的今天，二氧化碳是全球变暖的主要原因。找出影响二氧化碳排放量的因素，并采取切实有效的政策措施，对于实现二氧化碳减排、减缓气候变暖、完成减排目标有重要意义。

在日本学者 Kaya Yoyichi 的研究中，人口数量、人均国内生产总值、单位国内生产总值的能源用量和单位能源用量的碳排放量是碳排放量的四个推动因素。在采用灰色关联分析我国二氧化碳排放的影响因子中，经关联度比较得出：能源消费对二氧化碳排放影响最大，其次是国内生产总值，然后是人口数量、固定资产投资和居民消费，对建立低碳型环境保护指标评价有很好的指导作用，对我国采取低碳发展的政策和路径选择提供辅助。

第5章 低碳型环境保护指标评价

以二氧化碳为主的温室气体排放引起的温室效应问题，正成为当今国际社会关注的焦点之一。从《联合国气候变化框架公约》（UNFCCC）的签署到《京都议定书》的艰难生效，再到后京都谈判重重阻力，到2009年哥本哈根的无果而终以及2010年的坎昆调解，世界各国在发展权和排放权之间的博弈甚至是战争在不断升级。2007年，政府间气候变化专门委员会（IPCC）第四次评估报告发布以后，尤其是随着"巴厘路线图"的达成，应对气候变化的国际行动不断深入，发展低碳经济倍受国际关注。作为世界排放大国和最大的发展中国家，中国应该寻找一条低碳发展之路，以便在保障社会经济发展和环境保护方面实现平衡、和谐。这就要求在环境保护方面，我国要实行低碳型环保，既要保证经济发展需要，又要保护环境，实现经济发展与环境保护的双赢。

5.1 指标评价设置原则

指标评价是由若干个相互联系的统计指标构成的整体，用以说明研究对象各个层面相互依存、相互制约的关系，进而从不同角度反映研究对象的整体状况。科学合理的评价，既是对研究对象进行准确评价的基础和保证，也是对其发展方向进行正确引导的重要手段。低碳型环境保护指标评价应当能反映经济发展、科技进步、社会发展、环境优化同步协调发展。与以往环境保护不同的是，低碳型环境保护应当在进行环境保护时，满足经济、产业低碳化发展，从经济生产和环境保护两个层面降低以二氧化碳为主的温室的排放，在设定具体评价指标时，我们应遵循以下原则：

5.1.1 科学性原则

指标评价应建立在科学的基础上，符合低碳经济发展的客观规律和环境保护方面的要求，从科学的角度系统而准确地理解和把握低碳型环境保护，既能准确、全面、系统地体现低碳型环境保护的内涵特征，又要突出低碳型环境保护的实施目标，为科学发展决策提供客观依据。

5.1.2 系统性原则

社会经济发展环境是一个复杂的系统，它由经济子系统、资源子系统、社会子系统、自然环境子系统等多个相互作用、相互影响的层次组成。各系统并不是孤立的，而是相互之间有信息、物质和能量等要素的流动和交换。指标评价应全面反映社会、经济、资源、环境以及人口的主要特征和相互关系，把一系列与低碳经济发展和环境保护有关的指标有机地联系起来。

5.1.3 可行性原则

指标评价建立的目的主要是针对目前低碳经济发展过程中的环境保护进行有效评测。因此，指标选取要从实际情况出发，选择有代表性的主要指标，易于确定和考核，评价指标应尽可能采用定量指标，定性指标应有一定的量化手段，要尽可能地利用现有统计数据和便于收集到的数据，并尽可能与我国当前的统计指标保持一致。对于目前尚不能统计和收集到的数据和资料可暂时不纳入指标评价当中。

5.1.4 稳定与动态原则

评价中的指标内容在一定的时期内应保持相对稳定，这样可以比较和分析评价对象发展过程并预测其发展趋势。但经济发展、环境状况和科技进步是动态过程，因此，指标应随着社会、经济、科技的发展作适当的调整。考虑到指标评价在一定时期内的相对稳定，设计指标评价需兼顾静态指标和动态指标平衡。其既反映低碳经济发展和环境保护的现状，又反映其动态变化性，使静态指标和动态指标相结合。

5.1.5 政策性原则

对国内低碳经济发展中的环境保护进行综合评价，不仅要考虑国内具体情况，也应考虑国际形势。所以，设计低碳型环境保护指标评价时，应该以国家的相关政策和相关国际公约为指导，与我国的产业发展及环境保护要求相适应，并跟踪国内外低碳经济发展的环境政策，综合反映低碳经济发展和环境保护的现状及发展趋势。

5.2 低碳型环境保护指标评价设计

5.2.1 指标选取

低碳型环境保护是由低碳经济发展和环境保护两方面构成的，是由经济、科技、资源、社会、环境等组成的复合系统，需要从不同侧面、不同层面加以描述。如果仅采用单一指标或几个指标，很难做出全面评价。结合第三、第四、第五章对二氧化碳等温室气体作用机理和对经济的影响，以及碳排放的影响因子分析，本书构建了一级指标、二级指标和三级指标三个层次、多个指标的评价框架，以期对低碳型环境保护进行全面综合评价（见表5-1）。

表5-1　　　　　　　　低碳型环境保护指标评价

一级指标	二级指标	三级指标	单位	指标性质
低碳型环境保护水平 E	经济发展指标 E_1	人均 GDP（E_{11}）	万元/人	目标型
		GDP 增速（E_{12}）	%	目标型
		固定资产投资（E_{13}）	亿元	目标型

续表

一级指标	二级指标	三级指标	单位	指标性质
低碳型环境保护水平 E	低碳（科技）发展指标 E_2	能源消费弹性系数（E_{21}）	%	约束型
		能源加工转换效率（E_{22}）	%	目标型
		万元 GDP 能耗（E_{23}）	吨标准煤/万元	约束型
		碳排放强度（E_{24}）	吨/万元	约束型
		清洁能源比例（E_{25}）	%	目标型
		第三产业占 GDP 比重（E_{26}）	%	目标型
	社会发展指标 E_3	人口增长率（E_{31}）	%	约束型
		最终消费率（E_{32}）	%	目标型
		城市生活垃圾无害化处理率（E_{33}）	%	目标型
		人均卫生费用（E_{34}）	元	目标型
		恩格尔系数（E_{35}）	%	约束型
	环境指标 E_4	绿地覆盖率（E_{41}）	%	目标型
		工业废气排放量（E_{42}）	亿标立方米	约束型
		环境污染治理投资占 GDP 比重（E_{43}）	%	目标型
	政策指标 E_5	低碳发展规划的制定（E_{51}）	有/无	目标型
		环境保护政策的制定（E_{52}）	有/无	目标型
		碳排放监测、统计、监管体系（E_{53}）	有/无	目标型
		低碳经济发展的鼓励性政策和措施（E_{54}）	有/无	目标型
		二氧化碳排放权交易的设立（E_{55}）	有/无	目标型

一级指标为低碳型环境保护指数，从经济、科技、社会、环境、政策等五个方面综合反映一个国家或地区低碳经济发展过程中经济社会发展、环境保护程度。与以往环境保护不同，低碳型环境保护在保护环境的同时，同样注重经济发展和社会发展以及环境友好，所以在指标设置和选取上从多角度、多方面考虑，力求实现经济、社会、环境共同和谐发展。

二级指标分为经济发展指标、低碳（科技）发展指标、社会发展指标、环境指标和政策指标，从经济、科技、社会、环境、政策五个方面、不同层次反映低碳型环境保护程度。其中，经济发展指标反映一个国家或地区经济发展水平，包括国内生产总值相关指标和固定资产投资规模等反映国家或地区经济发展状况的宏观性指标。低碳（科技）发展指标反映在经济发展过程中，通过科技进步节能、降耗和减排程度，包括能源消耗的降低、温室气体排放量的减少等。低碳（科技）发展指标在整个评价体系中占有最重要的地位，也是未来国家发展低碳经济的着力点。

社会发展指标是从整个社会发展的角度来衡量低碳型环境保护程度，反映与社会进步、人民生活质量提高等相关的低碳经济发展和环境保护的成果，也可以部分反映公众对低碳经济发展和环境保护的参与和被参与程度，包括社会消费对宏观经济的推动、社会贫富差距和卫生医疗等方面指标。环境指标主要反映地区的碳汇能力和大气质量，主要包括与公众生活息息相关的周围生活环境状况，以及国家或地区对环境污染治理等指标。在政府政策制定方面，是否具有低碳经济发展战略规划，是否建立碳排放监测、统计和监管体系，建筑节能标准的执行情况等，反映一个政府部门对低碳经济转型的努力程度。

三级指标是反映国家或地区发展低碳经济和进行环境保护过程中的一系列基础性指标，从经济、社会、环境多个方面全面衡量一个国家或地区低碳经济和环境保护程度。研究中指标选取依据国家环保部颁布试用的低碳城市建设、生态城市建设指标体系和大气环境保护标准等国家政策性文件，在参考国内外学者相关研究成果的基础上进行取舍，参照国家统计体系中的统计指标和数据的可得性进行综合确定。

5.2.2 主要评价指标解释

（1）经济发展指标。从经济、社会实际发展情况来看，低碳型环境保护不仅仅着眼于环境保护，更要求在经济发展过程中实现环境保护，从转变生产方式中降低二氧化碳的排放，而不是为了保护环境使经济发展停滞。因此，在评价指标中引入了经济发展指标，在环境保护中发展低碳经济，在经济增长中降低二氧化碳排放，从而实现经济发展和二氧化碳减排的融合。

人均国内生产总值和国内生产总值增速是衡量一个国家或地区经济发展水平的绝对和相对指标，数值越大，反映该国家或地区的经济发展状况越好。固定资产投资是一定时期内建造和购置固定资产数量的货币表现，反映固定资产投资规模和发展速度等。固定资产投资是经济增长的重要推动力。固定资产投资增加会带动整个国民经济部门投入，拉动经济增长。该数值越大，对经济拉动的后发力越大，经济增长越强劲。

（2）低碳（科技）发展指标。低碳（科技）发展指标在低碳型环境保护评价中占有非常重要的地位，是衡量整个经济发展过程中低碳化的落实程度和节能降耗的重要方面。

能源消费弹性系数是能源消费年均增长速度与国民经济年均增长速度的比值，是反映二者增长速度之间比例关系的指标。能源加工转换效率是经过加工转换产出的各种能源产品的数量与同期内投入的加工转换的能源数量的比率。能源加工转换效率是衡量能源加工转换技术和生产工艺等水平高低的重要指标。万元国内生产总值能耗是每万元国内生产总值消耗的能源数量，反映经济增长对能源特别是在当前能源结构下对化石能源的依赖程度，万元国内生产总值能耗越低，说明能源的利用效率越高。

碳排放强度是一定时期内经济发展排放的二氧化碳与该时期内 GDP 的比值，是目前国际社会普遍认可的体现经济低碳化发展的指标。清洁能源比例是指以风能、核能、太阳能为代表的低碳能源占以传统的煤、石油、天然气等高碳能源为主总能源的比重，这部分能源排碳量较低甚至无二氧化碳排放。对依靠能源消耗促进经济增长的经济模式来说，清洁能源的比例大小对二氧化碳排放有着相当重要的影响。第三产业比重指在国民经济核算中第三产业的产值占国内生产总值的比重。第三产业对化石燃料的依赖相对较低，所以第三产业产值比重越高，碳排放强度越弱。

（3）社会发展指标。人口增长过快使得资源需求急剧增加，人类生产生活对环境的破坏也越来越大。因此，限制人口过快增长符合低碳经济发展和环境保护的要求。最终消费率是常住单位为满足物质、文化和精神生活的需要，购买货物和服务的支出与国民生产总值的比值。最终消费支出包括居民消费和政府消费，显示社会经济和文化生活的丰富程度。人均卫生费用是衡量居民切身利益相关的用于医疗卫生保健服务的支出。垃圾无害化处理就是使垃圾不再污染环境，可以利用变废为宝。垃圾无害化处理对于切实改善人居环境，提高人民群众生活质量发挥了重要作用。恩格尔系数是德国统计学家恩格尔提出的关于消费结构变化的规律：一个家庭收入越少，用来购买食物的支出占总支出的比例越大，随着收入的增加，购买食物的支出比例则会下降。恩格尔系数用食物支出金额与消费性总支出比值来计算，可用来衡量一个国家或地区富裕程度。

（4）环境指标。绿地覆盖率指区域内绿化植物的垂直投影面积与区域面积的比率。植物对二氧化碳拥有强大的吸附作用，一个地区的绿化覆盖率越高，它的固碳能力越强。人均绿地面积越大，绿化覆盖率越高，吸附二氧化碳的能力也越强。绿地覆盖率用森林覆盖率与草地覆盖率之和来计量。工业废气排放量依据历年国家统计年鉴中工业废气的排放统计数据计算。环境资源投资是政府每年在环境保护方面的投资，其投资占 GDP 的比重大小直接关系到环境治理的力度。

（5）政策指标。发展低碳经济，必须立足于地区经济发展实际和区域资源禀赋条件，明确和了解低碳经济的内涵和未来发展趋势，并最终将清洁能源结构、优化和升级产业结构、转变传统消费模式、发展低碳文化等纳入地区经济和社会发展战略规划。研究表明，更清洁的能源结构能够有效降低单位能源消费的碳排放强度，优化的产业结构能够从整体上促进社会经济各部门的碳产出效率（碳生产力），绿色环保的消费模式能从终端降低消费者对能源的需求，从而降低人均消费的碳排放。这些战略性的调整和改变，离不开制度建设和政策工具推动。因此，是否具有发展低碳经济的鼓励措施和措施，是否建立碳排放监测、统计和监管体系，以及是否具有低碳经济发展战略规划等，可以反映低碳经济转型中政府决策的努力程度。

综合评价是对被研究对象进行客观、公正、合理的全面评价，在若干个

（同类）系统中，采用多指标综合评价系统的运行（或发展）状况。通过对单项指标加权并综合合成，形成发展程度的综合得分，以区分多个区域（或经济体）的等级次序。

5.3 指标数值处理

由于系统中各因素的物理意义不同，导致数据的量纲也不一定相同。根据统计学原理，带有不同量纲的数据不能直接进行比较。为保证结果的可靠性，需要对原始指标值进行无量纲化处理，以加强各因素间的接近性，增强可比性。最常用的无量纲化方法如下。

5.3.1 标准化法

标准化法是用指标数据减去所有数据的均值，再除以标准差。计算公式为：

$$x'_i = \frac{x_i - \bar{x}}{s} \tag{5.1}$$

其中，

$$\bar{x} = \frac{1}{n}\sum_{i=1}^{n} x_i \qquad s = \sqrt{\frac{1}{n-1}\sum_{i=1}^{n}(x_i - \bar{x})^2} \tag{5.2}$$

x_i 为初始观测值，x'_i 为对应的标准化值。标准化变化后的个体数值均值为0，方差为1。

5.3.2 极值法

极值法是用指标实际值与整体指标值的极大、极小值相比，得到无量纲的指标评价值。常用计算公式有：

$$x'_i = \frac{x_i}{\max x_i} \tag{5.3}$$

$$x'_i = \frac{\max x_i - x_i}{\max x_i} \tag{5.4}$$

$$x'_i = \frac{x_i - \min x_i}{x_i} \tag{5.5}$$

$$x'_i = \frac{x_i - \min x_i}{\max x_i - \min x_i} \tag{5.6}$$

其中，x_i 为初始观测值，x'_i 为对应的无量纲化值。用极值法处理后的数据分布在 [0，1] 区间。

5.3.3 归一法

归一法是将实际值与其在指标值总和相比，得出其所占的比重，作为其无量纲化值。计算公式为：

$$x'_i = \frac{x_i}{\sum_{i=1}^{n} x_i} \tag{5.7}$$

其中，x_i 为初始观测值，x_i' 为对应的无量纲化值。用归一法处理后的数据分布在 [0，1] 区间。

无量纲化时，极值法和归一法转化后的数据都在 [0，1] 区间，标准化法一般在原始数据呈正态分布的情况下应用，其转化结果超出了 [0，1] 区间，转化时与指标实际值中的所有数值都有关系，所依据的原始数据的信息多于极值法和归一法。

在评价中，由于原始指标反映评价对象的不同方面，有些指标越大越好，称为正向指标；有些则是指标越小越好，称为逆向指标。对于正向指标，可按照常用的无量纲化方法直接进行无量纲化；对于逆向指标，一般先采用倒数变换法进行一致化处理，将其转换成正向指标，再进行无量纲化，否则会导致对评价的不合理性。

$$x'_i = \frac{1}{x_i} \tag{5.8}$$

其中，x_i 为某逆向指标的初始观测值，x_i' 为对应的正向指标值。

5.4 指标权重选择

5.4.1 层次分析法

层次分析法是萨蒂（Saaty）等人在20世纪70年代提出的一种决策方法，是一个将半定性、半定量问题转化为定量问题的有效方法。层次分析法将各种因素逐级层次化，并逐层比较各因素之间的多种关联，为分析和预测事物的发展提供可定量的依据。在做决策时，人们通常依靠自己的经验和知识进行判断各因素的重要性，这在相关因素较少时比较适用，但当因素较多时，这种主观判断给出的结果往往是不全面和不准确的。如果仅仅是定性的结果，常缺乏说服力，不为别人所接受。层次分析法采用因素两两对比，通过相对尺度，尽可能降低各因素相互比较的难度，进而提高准确度。

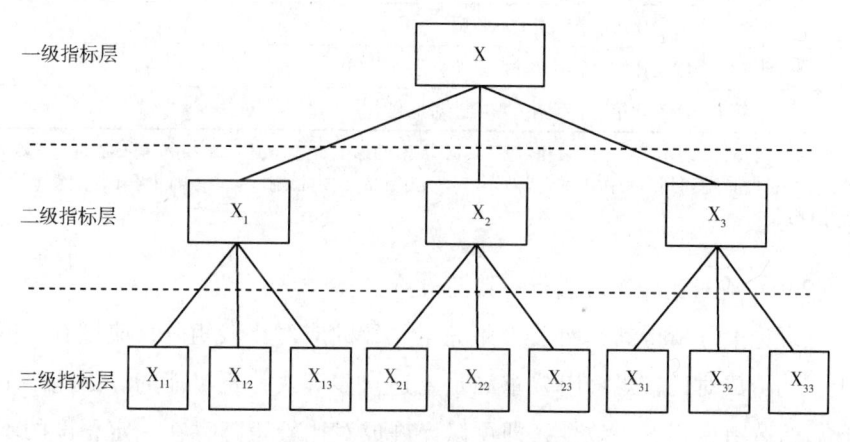

图 5-1 层次分析法结构

（1）设某层有 n 个因素，$X = \{x_1, x_2, \cdots, x_n\}$，把按照对上层某一目标的影响程度排序。n 个因素两两比较，比较时取 1～9 尺度。

用 a_{ij} 表示第 i 个因素相对于第 j 个因素的比较结果，则：

$$a_{ij} = \frac{1}{a_{ji}} \tag{5.9}$$

则有成对比较矩阵:

$$A = (a_{ij})_{n \times n} = \begin{pmatrix} a_{11} & a_{12} & \cdots & a_{1n} \\ a_{21} & a_{22} & \cdots & a_{2n} \\ \cdots & \cdots & \cdots & \cdots \\ a_{n1} & a_{n2} & \cdots & a_{nn} \end{pmatrix} \tag{5.10}$$

成对比较矩阵 $A = (a_{ij})_{n \times n}$ 满足 $a_{ij} > 0$, $a_{ij} = 1/a_{ji}$, $a_{ii} = 1$。

其中，比较尺度（1~9尺度的含义）如表5-2所示。

表5-2　　　　　　　层次分析法中1~9尺度的含义

尺度	重要性等级
1	第i个因素与第j个因素的影响相同
3	第i个因素比第j个因素的影响稍强
5	第i个因素比第j个因素的影响强
7	第i个因素比第j个因素的影响明显强
9	第i个因素比第j个因素的影响绝对地强

注：2,4,6,8表示第i个因素相对于第j个因素的影响介于上述两个相邻等级之间，各数值是根据定性分析的直觉和判断力做出的。若元素i与元素j的重要性之比为a_{ij}，则元素j与元素i重要性之比为$1/a_{ij}$。

（2）对成对比较矩阵进行一致性检验。

从理论上分析得到，如果A是完全一致的成对比较矩阵，应该有，但实际上在构造成对比较矩阵时要求满足上述众多等式是不可能的。因此要求成对比较矩阵有一定的一致性，即可以允许成对比较矩阵存在一定程度的不一致性。

1）计算成对比较矩阵每行元素的乘积 M_i。

$$M_i = \prod_{j=1}^{n} a_{ij}, i = 1, 2, \cdots, n \tag{5.11}$$

2) 计算 M_i 的 n 次方根 $\overline{W_i}$。

$$\overline{W_i} = \sqrt[n]{M_i} \tag{5.12}$$

3) 对向量 $\overline{W_i} = [\overline{W_1}, \overline{W_2}, \cdots, \overline{W_n}]^T$ 一致化处理。

$$W_i = \frac{\overline{W_i}}{\sum_{j=1}^{n} \overline{W_j}} \tag{5.13}$$

则 $W = [W_1, W_2, \cdots, W_n]^T$ 为所求的特征向量。

4) 计算成对比较矩阵最大特征根 λ_{max}。

$$\lambda_{max} = \sum_{i=1}^{n} \frac{(AW)_i}{nW_i} \tag{5.14}$$

其中，$(AW)_i$ 表示向量 AW 的第 i 个元素。

5) 一致性检验。引入判断矩阵最大特征根以外的其余特征根的负平均值，作为度量判断矩阵偏离一致性的指标，定义一致性指标，

$$CI = \frac{\lambda_{max} - n}{n - 1} \tag{5.15}$$

来检验决策者判断思维的一致性。

CI 值越大，表明 A 的不一致程度越严重，CI 值越小，表明矩阵一致性越好，CI = 0 时，A 为一致阵。

再引入判断矩阵的平均随机一致性指标 RI 值。对于 1~10 阶判断矩阵，RI 值如表 5-3 所示。

表 5-3　　　　　　　　随机一致性指标 RI 的数值

n	1	2	3	4	5	6	7	8	9	10
RI	0	0	0.58	0.9	1.12	1.24	1.32	1.41	1.45	1.49

当一致性比率 $CR = \dfrac{CI}{RI} < 0.1$ 时，认为判断矩阵具有满意的一致性，否则

要重新构造成对比较矩阵,对矩阵加以调整。

当判断矩阵具有满意的一致性时所得到的 $W = [W_1, W_2, \cdots, W_n]$ 即为各指标的权重。

5.4.2 主成分分析法

主成分分析（principal component analysis，PCA）是多元统计方法中的一种,用来处理数学分析上的降维。主成分分析最早由珀森（Karl Parson）在 1901 年引进来讨论非随机变量,1933 年霍特林（Hotelling）将其推广到随机变量。事物的性能一般有多个方面,这些不同因子对事物的影响,往往是不独立的,又是有主次之分的,非主要的因子在一定的条件下可以被忽略,主成分分析法旨在力保原始数据信息充分的情况下,对高维变量空间进行降维处理,把多项指标转化为少数几个综合指标,以少数的综合变量取代原有的多维变量,从而简化数据结构,简化评价工作。

(1) 建立原始数据矩阵。对于 n 个样本的 p 个观测指标,建立原始数据矩阵 $X_{n \times p}$：

$$X_{n \times p} = \begin{pmatrix} x_{11} & x_{12} & \cdots & x_{1p} \\ x_{21} & x_{22} & \cdots & x_{2p} \\ \cdots & \cdots & \cdots & \cdots \\ x_{n1} & x_{n2} & \cdots & x_{np} \end{pmatrix}$$

(2) 对原始数据进行标准化处理。按照式（5.1）和式（5.2）对原始数据进行标准化处理,得到新的标准化矩阵 $Z_{n \times p}$。

$$Z_{n \times p} = \begin{pmatrix} z_{11} & z_{12} & \cdots & z_{1p} \\ z_{21} & x_{22} & \cdots & z_{2p} \\ \cdots & \cdots & \cdots & \cdots \\ z_{n1} & z_{n2} & \cdots & z_{np} \end{pmatrix}$$

(3) 计算相关系数矩阵。

$$R = [r_{ij}]_{p \times p} = \frac{Z \times Z^T}{n-1} \tag{5.16}$$

(4) 计算 R 的特征根及特征向量。根据特征方程 $|R - \lambda E| = 0$，计算相关矩阵 R 的特征值 λ_i，并从大到小排序：$\lambda_1 \geq \lambda_2 \geq \cdots \geq \lambda_p$，对应的单位正交化特征向量

$$u_1 = (a_{11}, a_{21}, \cdots, a_{p1},)^T$$
$$u_2 = (a_{12}, a_{22}, \cdots, a_{p2},)^T$$
$$\vdots \quad \vdots \quad \vdots \quad \vdots$$
$$u_p = (a_{1p}, a_{2p}, \cdots, a_{pp},)^T$$

由标准化后的矩阵 $Z_{n \times p}$ 求主成分得分：

$$F_i = a_{1i}z_1 + a_{2i}z_2 + \cdots + a_{pi}z_p \tag{5.17}$$

其中，z_i 为标准化后的矩阵 $Z_{n \times p}$ 第 i 列由 p 个指标组成的列向量，i = 1, 2, $\cdots$, p。

(5) 计算各指标贡献率和累积贡献率。

第 p 个主成分的贡献率为：

$$e_p = \frac{\lambda_p}{\sum_{i=1}^{n} \lambda_i} \tag{5.18}$$

前 k 个主成分的累计贡献率为：

$$E_k = \sum_{i=1}^{k} \lambda_i \Big/ \sum_{j=1}^{p} \lambda_j \tag{5.19}$$

(6) 对各主成分进行综合评价。对 p 个主成分进行加权求和，即得最终评价值：

$$\zeta_j = \sum_{p=1}^{k} e_p \zeta_{pj} \qquad (5.20)$$

其中，e_p 为第 p 个主成分的贡献率，ζ_{pj} 为第 j 列的第 p 个主成分。

在解决实际问题时，一般要求所采用的前 k 个主成分的累计贡献率达到 80% 或 85%，即认为前 k 个主成分基本概括了全部测量指标所提供的信息，这样既减少了变量的个数，达到多指标综合评价的简化作用，又便于对实际问题的分析与研究。

在计算各子系统的发展水平时，指标权重方法的选择会对评价结果产生直接的影响，如果所选取的评价方法主观性太强，会使评价结果偏离实际，产生误差，特别是当子系统指标数目较多时，评价结果可能与实际情况出现较大偏差，从而使评价本身失去实际意义。主成分分析法对多个变量进行降维处理，基本上消除了评价本身的主观性，因此在实践中得到广泛使用。

5.5 评价模型

在确定各评价因子权重的基础上，采用线性加权求和法，进行综合水平指数计算。

$$Y_k = \sum x_i w_i \qquad (5.21)$$

其中，Y_k 为第 k 年低碳型环境保护指数，x_i 为一致化后的无量纲指标，w_i 为相应的指标权重。

5.6 2004~2008 年低碳型环境保护评价

面对全球节能减排的行动和发达国家对发展中国家特别是中国的减排压力，同时考虑到国内经济发展的可持续性，中国政府承诺，到 2020 年实现单位国内生产总值二氧化碳排放比 2005 年下降 40%~45%。气候变化已成为我国制定长远经济发展计划的约束条件。国家相关部门正在着手制定2020年国家节能减排专项行动规划，进一步细化节能减排的中期目标。国家统计局也正在考虑尽快建立全国和各地方主要能源行业和碳排放密集行业的碳排放或温室气体的统计、监管和监测体系，逐步实现对二氧化碳排放科学的计量与监测。

5.6.1 数据选取

自2003年英国提出"低碳经济"概念后，国际上逐步开始了对低碳经济的研究和实践，国内的研究和实践更晚。因此，选取2004~2008年全国部分数据，从经济、科技、资源、社会、环境等不同方面来对低碳型环境保护进行评价。选取国家统计局官方发布的《国家统计年鉴2005~2009》经济、能源、社会和环境方面数据。二氧化碳排放取自美国能源信息署（ENErgy Information Administration，EIA）提供的世界各国历年二氧化碳排放数据中的中国二氧化碳排放量。部分数据是根据官方数据测算所得，具体见表5-4~表5-8。

表5-4　　　　　　　　　　经济发展指标数据

年份	人均GDP（万元/人）	GDP增速（%）	固定资产投资（万亿元）
2004	1.2336	10.10	7.0477
2005	1.4053	10.40	8.8774
2006	1.6165	11.60	10.9998
2007	1.9524	13.00	13.7324
2008	2.2698	9.00	17.2828

表5-5　　　　　　　　　　低碳（科技）发展指标数据

年份	能源消费弹性系数	能源加工转换效率（%）	万元GDP能耗（吨标准煤/万元）	碳排放强度（吨/万元）	清洁能源比例（%）	第三产业占GDP的比重（%）
2004	1.59	70.71	1.2711	3.2098	7.08	40.4
2005	1.02	71.16	1.2263	3.0338	7.10	40.1
2006	0.83	71.24	1.1621	2.7661	7.20	40.0
2007	0.60	71.25	1.0322	2.4277	7.30	40.4
2008	0.44	71.55	0.9479	2.1730	8.89	40.1

表 5-6　　　　　　　　　　社会发展指标数据

年份	人口自然增长率（%）	最终消费率（%）	城市生活垃圾无害化处理率（%）	人均卫生费用（元）	恩格尔系数（%）
2004	5.87	54.30	52.10	583.92	43.23
2005	5.89	51.80	51.70	662.30	41.72
2006	5.28	49.90	52.20	748.84	39.84
2007	5.17	49.00	62.00	875.96	40.04
2008	5.08	48.60	66.80	1094.52	41.03

表 5-7　　　　　　　　　　环境指标数据

年份	绿地覆盖率（%）	工业废气排放量（亿标立方米）	环境污染治理投资占 GDP 的比重（%）
2004	59.88	237696	1.19
2005	59.88	268988	1.30
2006	59.88	330992	1.21
2007	59.89	388169	1.32
2008	59.88	403866	1.49

表 5-8　　　　　　　　　　政策指标情况

年份	低碳发展规划的制定	环境保护政策的制定	碳排放监测、统计、监管体系	低碳经济发展的鼓励性政策和措施	二氧化碳排放权交易的设立
2004	无	有	无	无	无
2005	无	有	无	无	无
2006	无	有	无	无	无
2007	无	有	无	有	无
2008	无	有	无	有	有

注：政策指标情况中，对已制定政策措施的赋值为1，没有制定则为0。

5.6.2　数据处理与计算

考虑到各三级指标个数均在 10 个以内和对二级指标的表征程度，不再进行主成分优化降维。根据表 5-1，用层次分析法结合专家评价确定各指标权重。先确定经济发展指标、低碳（科技）发展指标、社会发展指标、环境指标和政策指标等五个二级指标相对于低碳型环境保护水平的权重，再求各三级指标相对二级指标的权重。在同一判断矩阵中通过专家评判比较各影响因素两两重要程度，得出判断矩阵，见下表 5-9～表 5-14。

表 5-9　　　　　　　　低碳环保综合评价指标判断矩阵

低碳环保综合评价	E_1	E_2	E_3	E_4	E_5
经济发展指标 E_1	1	1/6	3	1	5
低碳（科技）发展指标 E_2	6	1	7	6	9
社会发展指标 E_3	1/3	1/7	1	1/3	4
环境指标 E_4	1	1/6	3	1	5
政策指标 E_5	1/5	1/9	1/4	1/5	1

用 MATLAB 软件计算出最大特征值 $\lambda_{max} = 5.3107$，对应特征向量为：

$$W = (-0.2303, -0.937, -0.1151, -0.2303, -0.0522) \quad (5.22)$$

对向量 W 进行归一化处理得：

$$W_0 = (0.1472, 0.5988, 0.0736, 0.1472, 0.0334) \quad (5.23)$$

再进行一致性检验：

$$CI = \frac{\lambda_{max} - n}{n - 1} = 0.0777 \quad (5.24)$$

由表 5-3 得随机一致性指标 $RI = 1.12$，则：

$$CR = \frac{CI}{RI} = 0.0694 < 0.10 \quad (5.25)$$

因此，认为层次结构有满意的一致性，通过一致性检验，向量 W_0 = (0.1472,0.5988,0.0736,0.1472,0.0334) 即为各二级指标权重。

同理计算各三级指标权重（见表 5-10）。

表5-10　　　　　　　　　经济发展指标判断矩阵

经济发展综合评价	E_{11}	E_{12}	E_{13}
人均 GDP E_{11}	1	1/3	1/2
GDP 增速 E_{12}	3	1	2
固定资产投资 E_{13}	2	1/2	1

计算得 $\lambda_{max} = 3.0092$，归一化处理后的特征向量为：$W_1 = (0.1634, 0.5396, 0.2969)$，$CI = \dfrac{\lambda_{max} - n}{n-1} = 0.0046$，$RI = 0.58$，$CR = \dfrac{CI}{RI} = 0.0079 < 0.10$。

表5-11　　　　　　　　低碳（科技）发展指标判断矩阵

低碳（科技）发展综合评价	E_{21}	E_{22}	E_{23}	E_{24}	E_{25}	E_{26}
能源消费弹性系数 E_{21}	1	1/3	1	1/5	2	5
能源加工转换效率 E_{22}	3	1	3	1/3	5	7
万元 GDP 能耗 E_{23}	1	1/3	1	1/5	2	5
碳排放强度 E_{24}	5	3	5	1	7	9
清洁能源比例 E_{25}	1/2	1/5	1/2	1/7	1	3
第三产业占 GDP 的比重 E_{26}	1/5	1/7	1/5	1/9	1/3	1

计算得 $\lambda_{max} = 6.1976$，归一化处理后的特征向量为：$W_2 = (0.1029, 0.2426, 0.1029, 0.4652, 0.0582, 0.0282)$，$CI = \dfrac{\lambda_{max} - n}{n-1} = 0.0395$，$RI = 1.24$，$CR = \dfrac{CI}{RI} = 0.0319 < 0.10$。

表5-12　　　　　　　　　社会发展指标判断矩阵

社会发展综合评价	E_{31}	E_{32}	E_{33}	E_{34}	E_{35}
人口增长率 E_{31}	1	1/5	1/5	1/3	1/7
最终消费率 E_{32}	5	1	1	3	1/3

续表

社会发展综合评价	E_{31}	E_{32}	E_{33}	E_{34}	E_{35}
人均卫生费用 E_{33}	5	1	1	3	1/3
城市生活垃圾无害化处理率 E_{34}	3	1/3	1/3	1	1/5
恩格尔系数 E_{35}	7	3	3	5	1

计算得 λ_{max} = 5.1269，归一化处理后的特征向量为：W_3 = (0.0427, 0.201, 0.201, 0.0863, 0.4691)，CI = 0.0317，RI = 1.12，CR = 0.0283 < 0.10。

表 5 - 13　　　　　　　　环境指标判断矩阵

环境综合评价	E_{41}	E_{42}	E_{43}
绿地覆盖率 E_{41}	1	1/7	1/3
工业废气排放量 E_{42}	7	1	5
环境污染治理投资占 GDP 的比重 E_{43}	3	1/5	1

计算得 λ_{max} = 3.0649，归一化处理后的特征向量为：W_4 = (0.0810, 0.7306, 0.1884)，CI = 0.0325，RI = 0.58，CR = 0.0559 < 0.10。

表 5 - 14　　　　　　　　政策指标判断矩阵

政策综合评价	E_{51}	E_{52}	E_{53}	E_{54}	E_{55}
低碳发展规划的制定 E_{51}	1	1/3	1/7	1/5	1/3
环境保护政策的制定 E_{52}	3	1	1/5	1/3	1
碳排放监测、统计、监管体系 E_{53}	7	5	1	3	5
低碳经济发展的鼓励性政策和措施 E_{54}	5	3	1/3	1	3
二氧化碳排放权交易的设立 E_{55}	3	1	1/5	1/3	1

计算得 λ_{max} = 5.1269，归一化处理后的特征向量为：W_5 = (0.0427, 0.201, 0.201, 0.0863, 0.4691)，CI = 0.0317，RI = 1.12，CR = 0.0283 < 0.10。

由通过一致性检验可以看出，这种比较的设计相对合理。下面根据表 5 - 4 ~ 表 5 - 7 提供的数据和式（5.1）、式（5.8）进行一致化和无量纲化处理，用计算各二级指标数值（见表 5 - 15）。

表 5-15　　　　　　　　2004~2008 年各二级指标数值

年份	经济发展指标	低碳（科技）发展指标	社会发展指标	环境指标	政策指标
2004	-0.7679	-1.0821	-0.6811	0.7854	0.5988
2005	-0.4606	-0.5444	-0.3178	0.4600	0.5988
2006	0.2010	-0.1671	0.2305	-0.3816	0.5988
2007	1.0266	0.4669	0.4326	-0.4259	0.6724
2008	0.001	1.3266	0.3358	-0.4379	0.8528

采用式（5.21）线性加权和法，计算 2004~2008 年低碳型环境保护综合水平指数，如表 5-16 和图 5-2 所示。

表 5-16　　　　　2004~2008 年低碳型环境保护综合评价指数

指标	2004 年	2005 年	2006 年	2007 年	2008 年
低碳型环境保护综合水平指数	-0.6755	-0.3295	-0.0897	0.4222	0.7832

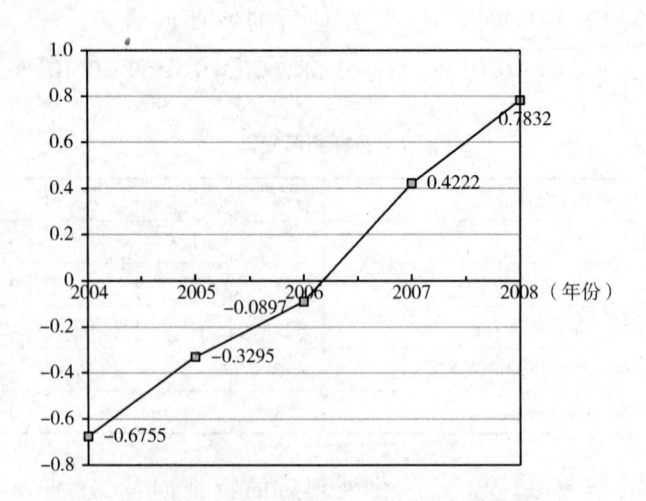

图 5-2　2004~2008 年低碳型环境保护综合水平指数折线

5.6.3　结果分析

从以上分析中，可以得出：

(1) 从表 5-16 和图 5-2 可以看出，2004~2008 年低碳型环境保护综合评价指数连年递增，从 2004 年的 -0.6755 到 2008 年的 0.7821，说明国家在发展低碳型环境保护方面在快速提高。可以看到，从节能减排到城市绿化，政府、企业和社会都做了很大努力。特别是在节能减排方面，能源消费弹性系数从 2004 年的 1.59 下降到 2008 年的 0.44，万元国内生产总值能耗从 2004 年的 1.2711 吨标准煤下降到 2008 年的 0.9479 吨标准煤，碳排放强度从 2004 年的 3.2098 吨下降到 2008 年的 2.173 吨，这对降低经济发展中的能源需求，降低二氧化碳排放量起到了相当重要的作用。

(2) 2006 年之前低碳型环境保护指数为负，在这期间，能源消费弹性、万元国内生产总值能耗和碳排放强度等对评价指数影响较大的逆向指标相对较高，拉低了评价指数。随着政府政策引导和技术进步，能耗降低和碳排放减少不断提升评价指数，并逐渐走高。其次，经济的持续增长、绿化覆盖率的增加和相关政策体系的逐步完善，都成为综合评价指数逐年上升的推动力。

在这期间，国家政府逐渐调整经济发展观念，相继提出可持续发展、建设和谐社会的口号，计划到 2020 年初步形成可持续发展能力不断增强，经济结构调整取得显著成效，资源利用率显著提高，生态环境明显改善，促进人与自然和谐，推动社会走上生产发展、生活富裕、生态良好的文明发展道路。在经济发展中实行"在发展中调整，在调整中发展"，逐步推进国民经济的战略性调整，形成资源消耗低、环境污染少的可持续发展经济体系。在社会发展方面，控制人口总量，提高人口素质，建立与经济发展水平相适应的医疗卫生体系、劳动就业体系和社会保障体系。在生态保护方面，改善农业生态环境，强化沙化和水土流失治理，加强城市绿地建设，逐步改善生态环境质量。在环境保护方面，要实施污染物排放总量控制和水质污染防治，强化重点城市大气污染防治工作，加强环境保护法规建设和监督执法，推进清洁生产和环保产业发展。在国民经济发展的"十二五"规划中，对环境保护更是深化总量减排，提高环境质量，防范环境风险，保障城乡平衡发展，同时力推环境服务业促进节能减排。在这些政策措施的引导下，低碳型环境保护将会迈向更高的层次。

研究构建的低碳型环境保护指标评价中，在设置评价指标和分配各指标权重方面，由于咨询专家、学者数量有限和自身研究能力不足，加上我国在碳排放领域并未形成可利用的统计体系，以致一些统计指标比如温室气体捕获与封存比例、煤炭高效清洁利用率、单位化石能源的碳排放量等无法列入评价当中，都会对评价的有效性产生影响。随着我国对低碳经济发展和环境保护研究的深入和实践经济的总结，低碳型环境保护评价指标将会更完善，也更有实践价值。

5.7 本章小结

我国要实行低碳型环境保护，既要保证经济发展需要，又要保护环境，实现经济发展与环境保护的双赢，就需要对不同时期和不同地方发展低碳经济和环境保护程度进行评估。低碳型环境保护的指标评价根据科学性、系统性、可行性、稳定与动态性和政策性原则选取了三个指标层次，其中二级指标分为经济发展指标、低碳（科技）发展指标、社会发展指标、环境指标和政策指标，从经济、科技、社会、环境和政策等五个方面反映地区低碳型环境保护程度。有实证数据显示，我国低碳型环境保护综合评价指数连年递增，说明我国在发展低碳型环境保护方面快速提高。其中节能减排、经济增长、绿化覆盖率的增加和相关政策体系的逐步完善，都成为综合评价指数逐年上升的推动力。随着国家越来越注重经济的可持续发展和经济、社会、环境的和谐，低碳型环境保护程度还将不断提高。

低碳型环境保护指标评价模型的建立，对国家发展低碳经济和环境保护的政策和路径选择有很强的指导意义。

第6章 低碳城市指标评价

城市是社会进步的必然产物，极大地推动了经济发展、社会进步和文化繁荣。随着城市人口集聚与城市日益严重的生态环境危机，人类需要构造未来城市的可持续发展蓝图——在获得城市发展的同时，使环境破坏最小化、资源消耗最少化。发展低碳经济是一个长期复杂的过程，涉及目前经济中的各方各面，低碳城市建设是其中重要一环。

6.1 低碳城市概述

城市是我国二氧化碳排放源头集中区域，城市规划建设是实现控制碳排放的关键政策领域。控制城市化过程中的碳排放，需要采取低碳城市发展模式。根据《中国城市化战略的低碳之路》报告，全国地级以上城市的碳排放量占全国总量的54.84%。

低碳城市是低碳经济从经济领域到社会领域的延伸，是一种全新的、以低碳经济为发展模式的城市发展理念。低碳城市以低碳社会为建设标本和蓝图，通过生产生活方式的转变，形成结构优化、循环利用、节能高效的经济体系和健康、低碳的生活方式以及消费模式，最大限度减少温室气体排放，实现经济增长、能源消耗与二氧化碳排放相脱钩，在经济过程各个环节全面实现低碳化，最终实现城市的低碳化和可持续发展。

低碳城市是一个系统集成的总体，包括城市经济生活所涉及的各个方面，其中低碳建筑、低碳交通、低碳消费是低碳城市主要的外在表现形式。低碳能源是核心，低碳管理机制是创造低碳城市的社会、法律环境，碳捕获与封存城市是降低温室气体排放的技术解决途径。城市经济发展以低碳产业为支柱，市民生活以低碳消费为理念，政府以低碳社会建设为蓝图，通过经济发展模式、消费理念和生活方式的转变，实现城市社会—经济—环境复合生态系统的整体和谐与可持续发展。2009年联合国气候变化大会哥本哈根气候会议之后，我国形成了发展低碳经济的热潮，很多城市都将城市化进程与低碳经济相结合，如上海、保定、吉林、长沙、深圳、无锡等城市结合自身特点，开始试水城市的低碳化发展。

6.2 中国低碳城市实践

理查德·施马兰西等（Schmalesee，1998）研究表明，二氧化碳排放与人均收入之间符合库兹涅茨的倒"U"型曲线理论。我国大多数城市碳排放量处在倒"U"型曲线的上升趋势之中，城市发展要在排放权和发展权之间做出平衡。作为能源消耗和碳排放大国，我国在全球减少温室气体排放的行动中，扮演着日益重要的角色。降低城市能源消耗和促进低碳发展，是城市化和工业化进程中控制温室气体排放的必然选择。近几年来，低碳经济的理念在我国蓬勃兴起，一些省份和城市纷纷实施有利于节能减排的措施（见表6-1）。2008年1月，世界自然基金（WWF）在我国选择了保定和上海作为低碳城市的试点城市，在建筑节能、可再生能源和节能产品制造与应用等领域寻求低碳发展的解决方案，标志着我国在积极探索低碳城市发展规划方面取得重大突破。

表6-1　　　　　　　　　我国部分城市低碳实践

城市	目标设定	规划与行动
南昌	低碳经济先行区	围绕太阳能、LED、服务外包、新能源汽车等低碳产业定位，打造三大经济示范区
上海	低碳社区、低碳商业区、低碳产业区	低碳世博、崇明岛碳中和规划

续表

城市	目标设定	规划与行动
杭州	低碳产业、低碳城市	公共自行车项目、低碳科技馆
吉林	低碳示范区	探索重工业城市的产生结构调整战略
贵阳	生态城市战略规划	LED节能照明试点项目
珠海	低碳经济区	推动液化天然气公交和出租车使用
保定	绿色、低碳、新能源基地	中国电谷、太阳能之城、打造以电力技术为基础的产业和企业群

在加快推进工业化和城市化的过程中，保定提出"低碳保定"的理念，探索一条"经济以低碳产业为主导、市民以低碳生活为理念和行为特征、政府以低碳社会为建设蓝图"的新型工业化和城市化道路。2006年，保定市政府提出打造"中国电谷"的构想，2007年推进"太阳能之城"建设，实行太阳能应用改造。保定市依托高开区新能源产业优势，打造出一个中国可再生能源发展平台，培育光电、风电、生物质发电、节电、储电和输变电六大产业体系。经过近几年的快速发展，保定"中国电谷"新能源企业逐渐成为该市的产业支柱之一，拥有目前国内最大的光伏设备园；风电产业链业已形成，拥有涵盖风电叶片、整机、控制等在内的关键设备自主研发、制造和检测能力。保定市开展了以"煤改气"为重点的"蓝天行动"、以污水处理厂建设为重点的"碧水计划"以及以加快废旧物回收利用为重点的"静脉产业园"建设，努力拓展新能源的应用领域，建设资源节约、环境友好型的绿色社会。2010年以来，保定市强力推进低碳城市示范项目建设，主要围绕建设"太阳能之城"和"中国电谷"建设生态环境、打造低碳化城市交通系统、开展办公大楼的低碳化运行以及建设低碳化示范性社区等六大工程展开。

上海市通过调整产业结构和能源结构以及推广低碳技术等措施，对低碳经济发展模式进行了一系列探索。上海市在打造"低碳城市"的过程中，着重推广节能建筑，提高大型建筑能效，并对公共建筑的物业管理人员进行培训，提高其节能运行的能力，促进建筑屋顶使用草坪和植物的天然隔热层，推动步行、自行车和燃料电池公交车为主要的出行方式。为了减少碳排放量以实现可持续发展，上海市已着手在南汇区临港新城、崇明岛等地建立若干低碳社区、低碳商业区和低碳产业园区等低碳发展综合实践区，推动低碳经济发展。未来的东滩生态城将有望成为世界上第一个碳中和区域，城区热能和电力来源以及住宅和商用建筑都将有望采用可再生能源，全面实现碳中和。近年来，上海市从战略层面上对产业结构进行了优化调整，高新技术产业和第三产业的比重大幅提高。通过经济、法律、行政等措施逐步淘汰了一批高耗能、高污染型企业。通过提高能源利用效率、促进可再生能源的发展，逐步降低了化石能源的消费比重，有效调整了能源结构。

杭州市推出了系列"低碳新政"，逐步减少并最终取消餐饮、住宿行业的一次性用品，使低碳成为一种新型的生活方式。并且，杭州市还培育节能环保产业，实现节能环保产业的新突破，倡导市民选择低能耗、低排放的交通出行方式，建成地铁、公交车、出租车、水上巴士、免费单车等5种公交方式"零换乘"交通系统，确立了城市公共交通的优先地位。气候组织指出，在未来的3~5年内，要在我国二、三级城市中推进15个低碳城市的建设，探索低碳的发展模式，这意味着我国将有更多的低碳城市。

6.3　低碳城市指标评价

作为低碳经济活动的中心和重要组成部分，低碳城市在低碳经济发展中不可或缺。随着低碳经济的推广和普及，将会有越来越多的城市走低碳化发展道路。为了对国内城市的低碳经济发展现状进行评价比较，反映低碳经济发展成效，体现城市低碳发展差距，修正低碳经济发展路径，需要建立设计合理、操作简便的低碳城市指标评价方法。

6.3.1　指标设计

参照本章对低碳型环境保护指标的评价，结合城市发展实际情况，根据科学性、系统性、可行性等原则，笔者建议对相关指标进行调整，建立国内低碳城市的指标评价。

低碳城市指标评价从经济、科技、资源、社会、环境等5个层面，3个层次来评价和度量（见表6-2）。

表6-2 低碳城市指标评价

一级指标	二级指标	三级指标	单位	指标性质
城市低碳发展水平C	经济发展指标C_1	人均GDP（C_{11}）	万元/人	目标型
		GDP增速（C_{12}）	%	目标型
		固定资产投资（C_{13}）	亿元	目标型
	低碳（科技）发展指标C_2	能源消费弹性系数（C_{21}）	%	约束型
		万元GDC能耗（C_{22}）	吨标准煤/万元	约束型
		碳排放强度（C_{23}）	吨/万元	约束型
		清洁能源比例（C_{24}）	%	目标型
		第三产业占GDP比重（C_{25}）	%	目标型
	社会发展指标C_3	人口密度（C_{31}）	人/平方千米	约束型
		万人拥有公交车数量（C_{32}）	辆/人	目标型
		每千人卫生人员数（C_{33}）	人	目标型
		城市生活垃圾无害化处理率（C_{34}）	%	目标型
	环境指标C_4	绿化覆盖率（C_{41}）	%	目标型
		人均绿地面积（C_{42}）	平方米/人	目标型
		空气质量达到或好于二级天数（C_{43}）	天	目标型
		环境污染治理投资占GDP比重（C_{44}）	%	目标型
	政策指标C_5	低碳发展规划的制定（C_{51}）	有/无	目标型
		环境保护政策的制定（C_{52}）	有/无	目标型
		碳排放监测、统计、监管体系（C_{53}）	有/无	目标型
		低碳经济发展的鼓励性政策和措施（C_{54}）	有/无	目标型
		二氧化碳排放权交易的设立（C_{55}）	有/无	目标型

在低碳（科技）发展指标中，通过查考城市统计资料，较多城市没有能源加工转换效率统计口径，因此，在建立评价模型时去掉了该项。城市是人口密集的地方，工业和商业的发达使得城市规模越来越大，人口也越来越集

中，由此造成的交通拥堵、空气污染、耕地被占等"城市病"也越来越严重，在社会发展指标中，用城市人口密度代替了人口增长率，去掉了最终消费率和恩格尔系数指标，增加了万人拥有公交车数量指标。人口增长过快使得资源需求急剧增加，对环境的破坏也越来越大。

在交通出行方面，公共交通与私家车有一定的替代效应，发达的公共交通网络可以有效挤压私家车的使用空间，从而降低路面交通对能源的需求和温室气体的排放。用每千人卫生人员数代替人均卫生费用，能够更好地反映城市卫生医疗状况。环境指标中，用空气质量达到或好于二级天数替代工业废气排放量，同时增加了人均绿地面积，使环境指标更贴近城市生活。

6.3.2 实证分析

2007年，长沙、株洲、湘潭组成的长株潭城市群被国家发改委批准为建设资源节约型、环境友好型社会试点区域。近几年来，长沙在两型社会建设方面取得了显著成绩。基于建设两型社会经验，2010年，湖南省申报长株潭城市群为低碳经济试点城市。以各项低碳环境指标评价长沙发展低碳型环境保护的水平，对长沙建设两型社会和低碳经济有重要的理论和现实意义。以湖南统计系统发布的《湖南统计年鉴》（2005~2009）和《长沙统计年鉴》（2005~2009）的数据和部分测算数据，2005~2008年二氧化碳排放量是依据美国橡树岭国家实验室（Oak Ridge National Laboratory，ORNL）提出的方法①，通过数据检索测算所得，具体见表6-3、6-4、6-5、6-6、6-7。

表6-3　　　　　　　　　　经济发展指标数据

年份	人均GDP（万元/人）	GDP增速（%）	固定资产投资（亿元）
2005	2.397	14.90	791.1578
2006	2.798	14.80	972.7734

---

① ORNL根据不同化石燃料燃烧时有效氧化比例和含碳量的不同，经实验研究，确定不同化石燃料燃烧时的碳释放量。目前，ORNL提出的化石燃料二氧化碳排放计算方法被学术界广泛采用。

续表

年份	人均GDP（万元/人）	GDP增速（%）	固定资产投资（亿元）
2007	3.371	16.00	1326.4416
2008	4.577	15.10	1712.2436

表6-4 低碳（科技）发展指标数据

年份	能源消费弹性系数	万元GDP能耗（吨标准煤/万元）	碳排放强度（吨/万元）	清洁能源比例（%）	第三产业占GDP比重
2005	0.962	1.030	0.864	1.50	0.503
2006	0.962	0.990	0.822	1.68	0.492
2007	0.953	0.944	0.755	1.51	0.487
2008	0.939	0.886	0.594	1.40	0.420

表6-5 社会发展指标数据

年份	人口密度（人/平方千米）	万人拥有公交车数量（辆）	生活垃圾无害化处理率（%）	每千人卫生人员数（人）
2005	525.337	4.038	100	6.07
2006	533.865	4.314	100	6.45
2007	539.246	5.102	100	7.43
2008	542.952	5.078	100	7.88

表6-6 环境指标数据

年份	绿化覆盖率（%）	人均绿地面积（平方米/人）	空气质量达到或好于二级天数（天）	环境投资占GDP比重（%）
2005	0.62	160.416	245	0.04
2006	0.67	150.069	280	0.05
2007	0.72	138.385	302	0.07
2008	0.75	134.038	329	0.08

表6-7　　　　　　　　　　　政策指标情况

年份	低碳发展规划的制定	环境保护政策的制定	碳排放监测、统计、监管体系	低碳经济发展的鼓励性政策和措施	二氧化碳排放权交易的设立
2005	无	有	无	无	无
2006	无	有	无	无	无
2007	无	有	无	有	无
2008	无	有	无	有	无

注：政策指标情况中，对已制定政策措施的赋值为1，没有制定则为0。

通过对以上数据处理与计算，得出判断矩阵，见表6-8、表6-9、表6-10、表6-11、表6-12。

表6-8　　　　　　　　　经济发展指标判断矩阵

经济发展综合评价	C_{11}	C_{12}	C_{13}
人均GDP（C_{11}）	1	1/3	1/2
GDP增速（C_{12}）	3	1	2
固定资产投资（C_{13}）	2	1/2	1

计算得λ_{max} = 3.0092，归一化处理后的特征向量为：W_1 = (0.1634, 0.5396, 0.2969)，$CI = \dfrac{\lambda_{max} - n}{n - 1} = 0.0046$，$RI = 0.58$，$CR = \dfrac{CI}{RI} = 0.0079 < 0.10$。

表6-9　　　　　　　低碳（科技）发展指标判断矩阵

低碳（科技）发展综合评价	C_{21}	C_{22}	C_{23}	C_{24}	C_{25}
能源消费弹性系数（C_{21}）	1	1	1/5	2	5
万元GDP能耗（C_{22}）	1	1	1/5	2	5
碳排放强度（C_{23}）	5	5	1	7	9
清洁能源比例（C_{24}）	1/2	1/2	1/7	1	3
第三产业占GDP比重（C_{25}）	1/5	1/5	1/9	1/3	1

计算得λ_{max} = 5.1287，归一化处理后的特征向量为：W_2 = (0.1491, 0.1491, 0.5821, 0.083, 0.0368)，$CI = 0.0322$，$RI = 1.12$，$CR = 0.0287 < 0.10$。

表6-10　　　　　　　　　社会发展指标判断矩阵

社会发展综合评价	C_{31}	C_{32}	C_{33}	C_{34}
人口密度（C_{31}）	1	1/3	1/5	1/3
万人拥有公交车数量（C_{32}）	3	1	1/3	1
每千人卫生人员数（C_{33}）	5	3	1	3
城市生活垃圾无害化处理率（C_{34}）	3	1	1/3	1

计算得λ_{max} = 4.0435，归一化处理后的特征向量为：W_3 = (0.0781, 0.1998, 0.5222, 0.1998)，CI = 0.0109，RI = 0.90，CR = 0.0121 < 0.10。

表6-11　　　　　　　　　环境指标判断矩阵

环境综合评价	C_{41}	C_{42}	C_{43}	C_{44}
绿化覆盖率（C_{41}）	1	1	1/5	1/3
人均绿地面积（C_{42}）	1	1	1/5	1/3
空气质量达到或好于二级天数（C_{43}）	5	5	1	3
环境污染治理投资占GDP比重（C_{44}）	3	3	1/3	1

计算得λ_{max} = 4.0435，归一化处理后的特征向量为：W_4 = (0.0955, 0.0955, 0.5595, 0.2495)，CI = 0.0109，RI = 0.90，CR = 0.0121 < 0.10。

表6-12　　　　　　　　　政策指标判断矩阵

政策综合评价	C_{51}	C_{52}	C_{53}	C_{54}	C_{55}
低碳发展规划的制定（C_{51}）	1	1/3	1/7	1/5	1/3
环境保护政策的制定（C_{52}）	3	1	1/5	1/3	1
碳排放监测、统计、监管体系（C_{53}）	7	5	1	3	5
低碳经济发展的鼓励性政策措施（C_{54}）	5	3	1/3	1	3
二氧化碳排放权交易的设立（C_{55}）	3	1	1/5	1/3	1

计算得λ_{max} = 5.1269，归一化处理后的特征向量为：W_5 = (0.0427, 0.201, 0.201, 0.0863, 0.4691)，CI = 0.0317，RI = 1.12，CR = 0.0283 < 0.10。

对长沙市2005~2008年各项二级指标原始数据进行无量纲化处理,并计算各二级指标数据(见表6-13)。

表6-13　　　　　　　　2005~2008年各二级指标数值

年份	经济发展指标	低碳(科技)发展指标	社会发展指标	环境指标	政策指标
2005	-0.7473	-0.6001	-0.3286	-0.9655	0.2010
2006	-0.6443	-0.3660	-0.1360	-0.2770	0.2010
2007	0.8946	-0.0247	0.3888	0.3326	0.2873
2008	0.4970	1.1011	0.3072	0.9098	0.2873

根据表6-13数据,通过线性加权,计算2005~2008年长沙市低碳城市综合评价指数,如表6-14和图6-1所示。

表6-14　　　　长沙市2005~2008年低碳城市综合评价指数

年份	2005	2006	2007	2008
低碳经济发展水平指数	-0.6288	-0.3580	0.2040	0.8985

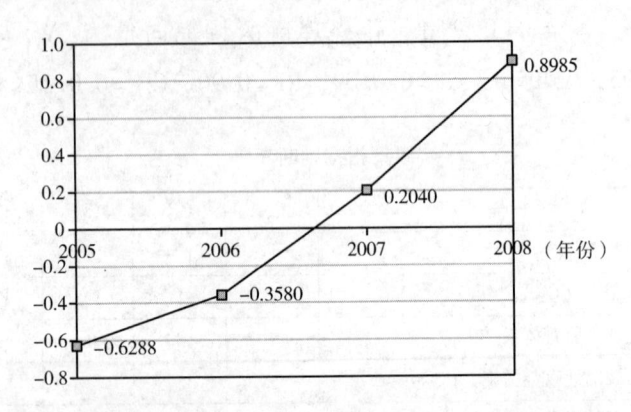

图6-1　长沙市低碳型环境保护综合水平指数

6.3.3　结果分析

从表6-14和图6-1可以看出,和全国低碳型环境保护指数相似,长沙市低碳城市指数从 2005 年的 -0.6288 到 2008 年的 0.8985，综合评价指数连年递增。2007 年长株潭成为两型社会试点区域后，两型社会建设中，从节能减排到城市绿化，政府、企业和社会做出了很大努力。特别是在节能减排方面，能源消费弹性系数从 2005 年的 0.962 下降到 2008 年的 0.939，万元 GDP 能耗从 2005 年的 1.03 吨标准煤下降到 2008 年的 0.886 吨标准煤，碳排放强度从 2005 年的 0.86 吨下降到 0.59 吨，这对降低长沙市二氧化碳排放量起到了相当重要的作用。经济的持续强劲增长、绿化覆盖率的增加、空气质量的逐年提高、卫生医疗条件的改善及相关政策体系的逐步完善，都成为综合评价指数逐年上升的推动力。

由于自身研究能力有限，笔者在构建指标评价中难免有较多疏漏。另外，研究只从纵向对长沙市 2005~2008 年做了评价，对未来长沙市发展低碳经济和环境保护有一定的理论和指导意义，并未进行横向对比，也是研究的不足。随着研究的不断深入和国家在二氧化碳等温室气体排放方面统计体系的完善，低碳城市评价将会更加科学有效。

6.4 国外经验对中国的启示

城市是温室气体的主要排放源，消费了全球能源的 75%，占全球温室气体排放的 80%。城市政府也是全球应对气候变化、向低碳转型的主要推动者。近年来，国外许多城市已经开展了以低碳社会和低碳消费理念为基本目标的实践活动（见表 6-15），为我国低碳城市的实践提供了丰富的经验启示。

表 6-15　　　　　　　　国外部分城市低碳建设实践

城市	生产	生活消费	交通与城市建设
日本横滨	绿色能源项目，削减温室效应地区联合项目，兴建风力发电站	城市垃圾分类细分	零排放交通项目，住宅节能性能评价制度，促进节能住宅普及

续表

城市	生产	生活消费	交通与城市建设
韩国首尔	发展低碳、新能源及相关产业	提倡变废为宝活动	建设能源环境城，发展绿色公交和绿色铁路
英国伦敦	发展清洁能源技术市场，鼓励可再生能源发电	节能建筑建设，固体垃圾处理	氢动力交通计划，城市规划的修订必须融入可持续发展和气候变化的内容
法国巴黎	无	森林生态城市	城市自行车租借系统

在城市经济发展的初级阶段，低碳城市建设涉及低碳能源、低碳技术和低碳产品的开发及利用，以最少量的温室气体排放获得最大经济产出。在城市经济发展的高级阶段，低碳城市建设则更加强调日常生活和消费低碳化，转变消费理念和行为方式，实现人类社会与自然系统和谐发展。

通过观察，政府的综合主导力量在低碳城市建设中占有关键地位。政府是低碳城市建设的主要推动者和政策供给者。建设低碳城市，就要在政府层面建立起完整的制度体系以及相应的法规和标准体系，并制定低碳技术和产品的政府采购政策，使政府在低碳城市的建设中发挥作为监管者和提供者的基础性作用。公共治理的三方主体，即政府、企业、居民，相互影响、相互作用、共同参与。通过和政府引导市场调节，使低碳产品、低碳技术、低碳服务市场化，调动企业的积极性，影响居民消费习惯，逐步改变城市消费模式和生活模式。

目前，我国城市经济发展，除北京、上海等经济高度发达的城市外，大多尚未达到发达国家实施低碳城市的条件，我国低碳城市的发展不能以牺牲经济发展为代价，必须同经济发展相结合。促进产业结构升级和能耗降低等应当是中国低碳城市发展的重要组成部分。

6.5 低碳城市建设路线

低碳城市模式以城市中各主体的行为为主导，以城市生态系统为依托，以科技创新和制度创新为支撑，在保障城市经济发展和社会和谐的前提下最大限度地减少温室气体的排放。在低碳城市建设中，应采取源头低碳化、过程低碳化和末端低碳化一体的城市低碳化运行机制。

6.5.1 源头低碳化

能源是城市发展的动力，是城市系统的输入，也是城市二氧化碳等温室气体排放的主要来源。构筑低碳的能源系统是实现低碳发展的重要基础，只有能源低碳化，低碳城市发展战略才成为可能。从源头上改变城市能源供给，加速从"碳基能源"向"低碳能源"和"氢基能源"转变，才能实现城市的低碳和零碳发展。一方面，开发利用太阳能、风能、核能、生物质能等新能源和可再生能源，逐步提高其在能源结构中的比重；另一方面提高城市系统的能源使用（或消费）效率，加快研发碳中和、碳捕获和埋存技术等，实现化石能源的清洁安全、高效利用，减少终端的碳排放。

6.5.2 过程低碳化

产业是实现发展的动力，低碳发展需要低碳产业。城市的产业结构决定了城市的能源消费结构，也在很大程度上决定着温室气体的排放强度。我国城市中，第二产业在经济结构中占相当重要的地位（见表6-16和图6-2）。第二产业能源消耗大，很多城市是高投入、高消耗、高污染的粗放型经济增长模式，能源消费强度相对较高。

表6-16　　　　　　　　2008年部分城市产业指标

城市	地区生产总值（亿元）	第一产业增加值（亿元）	第二产业增加值（亿元）	第三产业增加值（亿元）
上海	13698.20	111.80	6235.90	7350.40
北京	10488.10	112.80	2693.20	7682.10
广州	8215.80	167.70	3199.00	4849.10
深圳	7806.50	6.70	3815.80	3984.10

续表

城市	地区生产总值（亿元）	第一产业增加值（亿元）	第二产业增加值（亿元）	第三产业增加值（亿元）
天津	6354.40	122.60	3821.10	2410.70
重庆	5096.70	575.40	2433.30	2088.00
杭州	4781.20	178.60	2389.40	2213.10
武汉	3960.10	144.70	1827.70	1987.70
成都	3901.00	270.20	1816.70	1814.20
沈阳	3860.50	183.70	1934.10	1742.70
南京	3775.00	93.00	1795.00	1887.00
郑州	3004.00	94.70	1659.50	1249.80
长沙	3001.00	172.40	1567.40	1261.20
西安	2190.00	103.50	987.70	1098.90
南昌	1660.10	101.50	919.70	638.90
厦门	1560.00	21.50	818.00	720.50
昆明	1511.70	104.90	646.50	760.20
兰州	846.30	28.10	398.20	419.90
贵阳	811.10	47.20	381.00	382.90

资料来源：《国家统计年鉴（2009）》，数据按当年价格计算。

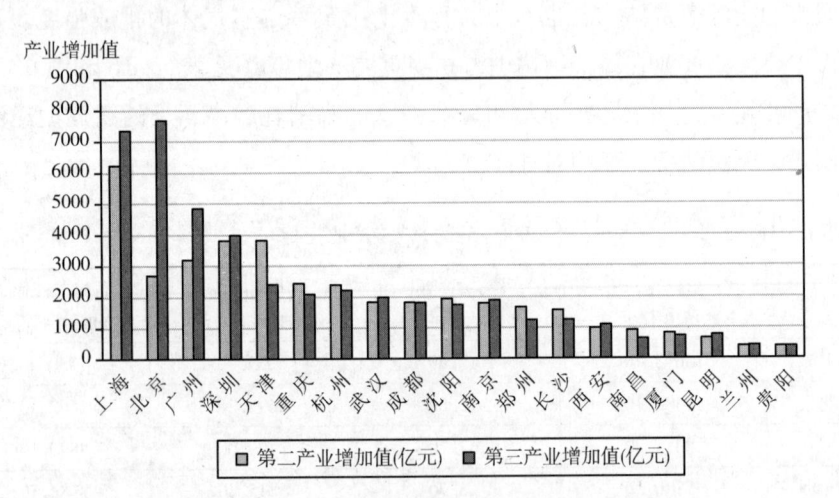

图 6-2　2008 年各城市第二、第三产业增加值比较

低碳城市建设中，要调整产业结构，加快城市产业结构的优化升级，控制高碳产业的发展速度，减少能耗大、低附加值的产业规模，大力发展低能耗的第三产业和高技术产业。建立低碳的生活方式，引导市民逐步加深对节能减排、气候变化和低碳经济等相关知识的了解，改变城市居民以往高消费、高浪费的生活方式，建立低碳生活理念和生活消费方式，降低城市的能源需求和实现城市居民消费的低碳发展。

6.5.3 末端低碳化

发展低碳城市不仅要减少城市中"碳源"的排放，还应积极扩大城市中的"碳汇"，减少二氧化碳对大气的排放。温室气体从城市系统排出后，通过人为手段对温室气体进行吸收和固定。在二氧化碳排放末端，城市通过现代科技和增加碳汇抵消短期内无法避免的化石能源燃烧所排放的温室气体。二氧化碳的收集封存是当前最有效的减排途径，用科技手段将化石燃料燃烧产生的二氧化碳进行收集，并将其安全地存储于地质结构层中，从而减少其排放（见图6-3）。根据国际能源署（IEA）预估，碳捕捉和储存的减排贡献将从2020年占总减排量的3%上升至2030年的10%，并在2050年将达到19%，成为减排份额最大的单项技术。在生物固碳方面，通过改善自然生态环境，利用绿色植物光合作用吸收大气中的二氧化碳，将大量温室气体储存于生物碳库中，通过植树造林等方式提高城市的绿化面积来吸收大气中的二氧化碳。

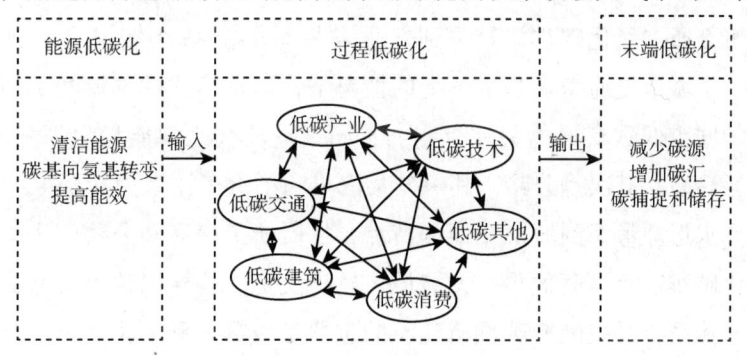

图6-3 低碳城市建设路线

6.6 低碳城市实现路径

在城市发展低碳能源和调整产业结构等宏观政策的同时，还可以开展低碳交通、建筑和消费习惯等低碳经济和社会活动。

6.6.1 低碳交通

根据政府间气候变化专门委员会报告（IPCC，2007），全球温室气体排放中，城市交通占13.1%，是仅次于能源供应和工业生产的第三大排放部门。作为城市重要的基础设施和公用事业，建设低碳城市交通，能有效促进城市的低碳经济发展。2010年下半年，包括上海、北京、广州等一线城市，西安、郑州、合肥、拉萨、乌鲁木齐等二三线城市也快速进入"拥堵"时代，交通发展方向都是"先发展汽车再修路"。

城市客运能源消耗排放二氧化碳量为：

$$C = \alpha \times \left(\sum_{i=1}^{4} S \times \frac{S_i}{S} \times \frac{E_i}{S_i} \right) \tag{6.1}$$

其中，C为城市客运交通二氧化碳排放量；i为交通模式，包含铁路、公路、水运和航空；S为交通服务量；S_i/S为i种交通模式在总交通服务量中的比重；E_i/S_i为i种交通模式单耗；α为标准油的二氧化碳排放因子。

城市交通二氧化碳排放量受到交通需求、运输模式、交通工具能效等影响。在一个城市交通需求基本不变的情况下，运输模式的选取和交通工具能效就成为城市低碳交通的关注重点。不同运输模式之间能耗水平相差很大，航空能耗最高，其次是公路，其中公共汽车和小汽车比率为0.084∶1，最后是铁路和水运。考虑到城市交通的特点，发展轨道交通和公共汽车对降低城市二氧化碳排放有显著效果。发展城市轨道交通，构建以轨道交通为骨干的城市交通体系，是我国低碳城市建设的重要组成部分和必由之路。与常规地面公共交通相比，城市轨道交通具有运量大、效率高、能耗低等特点，目前，国内很多城市纷纷开展轨道交通建设，在缓解日益严重的城市拥堵病的同时，也降低了城市二氧化碳的排放。

交通工具能效方面，利用先进的节能环保技术，倡导发展混合燃料汽车、电动汽车、氢气动力车、太阳能汽车等低碳排放的交通工具，减轻交通运输对环境的压力，促进交通运载工具的不断变革，并促进小排量汽车的发展，促进电动汽车的技术进步等；推进交通运输行业的信息化和智能化进程，加快现代信息技术在交通运输领域的研发应用，逐步实现智能化、数字化管理。协调控制交通信号，有效地降低车辆延误，提高车辆运行效率；努力实现地铁、公交车、出租车、"免费单车"等公共交通工具的零换乘，减少交通的碳排放和城市空气污染；引导消费者理性选择出行方式，鼓励乘坐公交、地铁、轻轨等低碳交通工具，倡导轻便、灵活、环保的自行车交通。

6.6.2 低碳建筑

目前，建筑能耗占我国能耗总量的40%左右。低碳建筑要实现能耗"减量化"，日本已经在低碳建筑节能中，全方位实现了能源多样化、能耗减量化、能效最大化（见图6-4）。结合国际经验，现阶段，城市发展低碳建筑应着力加强政府规划，严格实施低碳建筑标准，普及和推广低碳建筑理念，加强对社会公众的宣传教育；推进建筑节能设计，建立建筑能耗统计和建筑能效标识制度，从源头遏制建筑能源过度消耗，鼓励建筑节能科研和技术开发，制定和完善建筑节能技术标准来规范、引导建筑节能技术、材料及工艺的发展。建筑修建时要采用外墙节能技术、门窗节能技术和屋顶节能技术。利用智能技术、生态技术来实现建筑节能。开发利用建筑中的光电外墙板、光电屋面板、光电遮阳板等新能源技术，实现建筑的节能降耗。可推行建筑装修统一化，采用低碳、环保材料，避免单个装修造成的浪费和耗能。

2009年上半年，诺贝尔物理学奖得主、美国能源部长朱棣文提出把屋顶刷成白色，因为白顶建筑能够将"阳光能源反射回太空，而不是在夏季使建

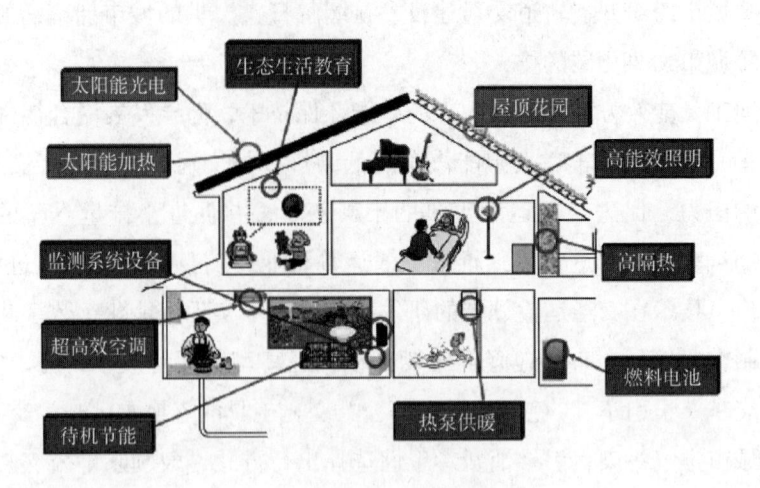

图 6-4　日本低碳建筑节能

筑和房屋升温"。"如果各国将所有房子的屋顶都刷成白色,将人行道变成水泥色而非深色调,其效果将相当于减少全世界道路上所有车辆11年排放的二氧化碳总量",从而减缓全球变暖。在城市地区,黑色沥青路与柏油屋顶等会吸收来自太阳的热量,形成"热岛效应"①,使城市温度比农村地区高出约1~3摄氏度。由于浅色表面可以反射照射到其上多达80%的阳光,而深色表面则只能反射大约20%的阳光,研究人员估计如果将全球所有城市建筑的屋顶都涂成白色,"热岛效应"可减少33%。这将可使全球各城市的温度平均降低0.4摄氏度,夏季的效果尤为明显,白色屋顶也会使建筑物内部的温度降低。

6.6.3　消费生活低碳化

当"低碳经济"成为全球经济发展的最佳模式之一时,低碳消费方式则

---

① 热岛效应是由于人们改变城市地表而引起小气候变化的综合现象,是城市气候最明显的特征之一。由于城市化的速度加快,城市建筑群密集、柏油路和水泥路面比郊区的土壤、植被具有更大的热容量和吸热率,使得城市地区储存了较多的热量,并向四周和大气中大量辐射,造成了同一时间城区气温普遍高于周围的郊区气温,高温的城区处于低温的郊区包围之中,如同汪洋大海中的岛屿,人们把这种现象称之为城市热岛效应。

成为其重要环节。低碳经济发展的终点要回到消费层面,如何引导消费者树立低碳消费理念,成为当前消费领域的一个重要课题。消费生活方式反映消费者的消费生活特征、消费价值观、消费偏好与消费习惯。在实际消费生活中,它内在地通过消费偏好影响着消费者的选择。消费需求决定生产方式,低碳产业有赖于低碳消费。消费者的低碳消费需求会成为产业界选择绿色生产的动力。政府率先垂范低碳消费,从自身入手,带头示范,真正建立一种节约型政府。社会广泛宣传与发展低碳消费文化,使低碳消费在公众中普及。作为消费的主体,公众也要积极行动起来,增强低碳消费意识,倡导绿色出行,采用低碳居住方式,使用高能效家电,节约能源资源,戒除不利于低碳经济发展的"面子"消费、奢侈消费等消费意识,减少消费过程中的直接或间接碳排放。

国务院《关于限制生产销售使用塑料购物袋的通知》规定:"自2008年6月1日起,在所有超市、商场、集贸市场等商品零售场所实行塑料购物袋有偿使用制度",被媒体解读为"限塑令"。据人民网消息,"限塑令"实施一年后,全国超市塑料袋使用减少2/3,减少塑料消耗40万~50万吨,节约石油240万~300万吨,减少二氧化碳排放量760万~960万吨。2008~2009年,政府通过财政补贴方式已推广节能灯2.1亿只。据新华网消息,自2009年起,财政部以财政补贴方式推广高效节能空调,使得高效节能空调的市场占有率从2008年的5%上升到2009年底的50%,仅这一项就节电15亿度。今后,我国政府还将继续对节能汽车、节能电机采用财政补贴的办法进行推广。

6.6.4 增加城市碳汇

作为城市生态系统之一,城市森林在维持城市大气碳氧平衡、降低热岛效应、美化城市环境等方面具有其他生态系统无法替代的作用。城市森林的生物存量和生长量远大于草坪、花坛和灌丛,其生态效益(释氧固碳、降低噪声、滞尘减尘、蒸腾吸热等)为一般草坪的4~5倍,生态服务功能明显强于城市其他生态类型。在有条件的城市发展城市森林，要把培养城市森林作为城市"氧补偿"和"碳吸收"的重要措施，实施生态风景林建设，增强城市碳汇能力。

发展城市园林，利用园林植物吸收二氧化碳，降低二氧化碳浓度，增加碳汇是一种成本低、效益好的手段，也是最容易参与的方式。城市园林绿地不仅能够营造优美的景观，而且在改善大气碳氧平衡、降温、增湿、滞尘等方面有着重要的生态作用。培育具有地方特色的物种作为增加碳汇的手段，努力发挥城市树木绿量的最大化，绿地养护管理质量的最优化。在园林的建设过程中努力打造低耗能、高碳汇的低碳园林。

随着城市建筑的增加，绿化用地逐渐紧张，为了加大城市绿量，必须进行点滴的城市绿化和开拓新的园林绿地。发展屋顶绿化成为建设低碳城市的首选。考虑到屋顶的特殊位置与独特的自然条件，浅层屋顶花园一般以草坪为主，深层屋顶花园可配置灌木和乔木。

6.7 本章小结

城市是社会进步的必然产物，极大地推动了经济发展、社会进步和文化繁荣。我国正在加速城市化进程，未来的城市将规模更大，人口更多，工业化程度更高，碳排放也势必更高。因此，要控制城市化过程中的碳排放，就需要采取低碳城市发展模式。

在第六章低碳型环境保护指标评价的基础上，结合城市发展特点，建立了低碳城市指标评价模型，来评价城市的低碳化发展水平。以长沙为例，以建设"两型社会"为契机，在经济发展中更加注重与环境和社会的和谐发展，城市低碳化水平逐年提高。

国外的低碳城市建设中，强调技术、政策和公共治理手段并重。其中政府的综合主导力量在低碳城市建设中占有关键地位，公共治理的三方主体——政府、企业、居民相互影响、相互作用、共同参与，政府引导通过市场调节，使低碳产品、低碳技术、低碳服务市场化，调动企业的积极性，影响居民消费习惯，逐步改变城市消费模式和生活模式。在我国的低碳城市建设中，应采取源头低碳化、过程低碳化和末端低碳化一体的城市低碳化运行机制。从城市能源供应、交通运输、房屋建设和居民生活消费习惯等方面打造城市低碳产业体系，实现各方面碳的低排放。

第7章 低碳农业评价

以二氧化碳为主的温室气体排放过量是气候变暖的最主要原因之一,全球气候变暖给人类生存和发展提出了严峻挑战。"低碳经济"就是要采取多种形式降低温室气体排放,通过技术创新和政策引导,建立温室气体排放较少的"低碳"经济发展模式。联合国政府间气候变化专门委员会(IPCC)2007年第四次评估报告认为,农业是温室气体的第二大重要来源。现代工业化农业是造成碳排放、温室效应乃至全球变暖的重要原因之一。全球范围内农业排放甲烷占由于人类活动造成的甲烷排放总量的50%,氧化亚氮占60%。农业活动产生的甲烷和氧化亚氮分别占全国排放总量的50.15%和92.47%,农业源温室气体排放占全国温室气体排放总量的17%。因此,"低碳农业"是"低碳经济"体系的一个重要组成部分。由于植物的光合作用,农业具有碳汇和碳源双重特征,是低碳经济的最佳支撑点。据联合国粮农组织估计,低碳化的农业生产方式可以抵消自身80%的温室气体排放量,降低30%的农业废弃物排放,每年还可节省全球1%的石油。因此,低碳农业是发展低碳经济的重要一环,也是农业转变发展方式的一个重要方向。

7.1 低碳农业含义

农业是国民经济中一个重要产业部门,属于第一产业,是以土地为生产对象,通过培育动植物生产食品及工业原料的产业。农业生产中,利用土地资源进行种植的活动部门是种植业;利用土地资源培育采伐林木的部门是林业；利用土地资源培育或者直接利用草地发展畜牧的是牧业；对这些产品进行小规模加工或者制作的是副业；利用土地空间进行水产养殖的是渔业。种植业、林业、牧业、副业、渔业都是农业的有机组成部分，统称"大农业"，即广义上的农业，一般称种植业为"小农业"，即狭义上的农业。本书中涉及的农业为狭义上的小农业，即种植业，包括粮食作物、经济作物、饲料作物和绿肥等生产活动。近几年出现的"都市型"旅游农业不在此研究范围。

我国是一个农业大国，作为我国国民经济的基础产业，农业发展面临着保障粮食安全、促进节能减排、增加农民收入等重大挑战。低碳农业是相对高碳农业而提出的，具体发展模式包括循环农业和生态农业等。低碳经济的本质就是通过产业部门的协作努力，最大可能地减少温室气体排放，实现温室气体与经济发展的"脱钩"，通过发展低碳农业在低碳经济中的作用，减少温室气体排放。

在碳排放方面，农业具有碳源和碳汇双重作用。高能耗、高排放和高污染的现代农业在低效率使用化肥、农药、农用薄膜和农业机械的过程中，会产生大量以二氧化碳、甲烷和氧化亚氮等为主的温室气体。土地利用方式的不同也会导致大量温室气体的排放。另外，农业也是巨大的碳汇系统。农业与自然生态系统有着天然的联系，通过耕地、林业、草地和湿地等，具有吸收并储存以二氧化碳为主的温室气体的能力。

因此，低碳农业是一种现代农业发展模式，实现低能耗、低污染、低排放。通过技术和制度创新、产业转型、新能源开发利用等，尽可能地减少能源消耗，以最少的物质投入，降低碳排放，将农业产前、产中、产后可能对环境带来的不良影响降到最低，实现农业生产发展与生态环境保护双赢。随着农业产业链的延伸，在农产品的种植、运输、加工等过程中，能源消耗不断增加，因此，从生命周期理论来讲，低碳农业还更注重整体农业能耗和碳排放的降低。工业化的农业生产中，农田开垦和连片种植引起自然植被减少，化肥造成了环境污染，农药造成自然物种和害虫天敌的减少，破坏了物种多样性。低碳农业发展中，也应注重生物多样性的培养，通过农业科学技术的创新和突破，发展"现代多功能的生态高值农业"。

低碳农业分为三个层次，第一是随着农业产值增加，温室气体排放量也相应增加，但温室气体排放增加的幅度小于农业产值增加的幅度。第二层次是农业产值不变，温室气体排放量减少。第三层次是随着农业产值增加，温室气体排放量的绝对减少。实现低碳农业的过程中，可以分步骤层次，逐步实现农业的低碳化发展。

7.2 研究综述

低碳农业研究方面，国外鲜有此方面研究，主要集中在国内领域。漆雁斌、毛婷婷和殷凌霄（2010）运用多元回归模型，实证分析了农业能源消耗总量及构成，得出发展低碳农业是实现农业减排、促进能源可持续发展的有效途径的结论。刘英（2010）认为，发展低碳农业能够提升土壤有机质，控制农业温室气体排放，发展低碳农业的重点是控制农业温室气体排放和对温室气体的合理利用。王松良等（2010）提出，实现低碳农业的最根本途径是改变农业生态系统管理措施，建设、推广生态农业模式和技术，引导低碳消费。骆世明（2009）从生物多样性角度提出，低碳农业应避免使用农药、化肥等，发展生物多样性农业，生物多样性农业可以某种意义上正属于低碳农业。尹成杰（2007）认为发展低碳农业不应只停留在农业传统的经济功能上，也要注重农业的生态和社会功能。在记录传统农耕文明的基础上，低碳农业也应该传承生态文明。姚延婷和陈万明（2010）通过对比，分析了影响农业生产总值的因素及其对温室气体排放的贡献度，发现农业机械总动力、农业柴油量、化肥施用量是农业温室气体排放的主要原因。翁伯琦等（2010）提出，低碳农业涉及绿色农业、生态文明、可持续发展理念，必须通过科学技术改变农业现有的"高能耗、高污染"的生产状况，向低碳生产、生活方式转变。国内研究人员从低碳农业概念，到农业温室气体排放源和吸收源，再到发展低碳农业策略都有不同的研究。结合以往研究，笔者力求尽可能建立起低碳农业评价模型，更清楚地指明低碳农业发展方向和道路。

7.3 低碳农业指标评价

在保证粮食安全的前提下，通过科技、政策、管理等措施降低工业品的投入，增加农业产出效益，实现温室气体排放最小。参照第六章低碳型环境保护指标评价建立的科学性、系统性、可行性、稳定性与动态性及政策性等原则，建立低碳农业指标评价。

低碳农业评价指标分三个层次、多个指标对农业的低碳化发展进行评价。一级指标为低碳农业指数，二级指标从经济、科技、可持续发展、政策等四个方面综合评价，三级指标是二级指标下细分的各项辅助性指标。

一级指标为农业低碳化发展指数，从经济、科技、可持续发展、政策等四个方面综合反映一个国家或地区农业的低碳化发展程度。作为温室气体的第二大排放源，农业减排在低碳经济发展中占有重要地位，农业的低碳化能有效推动和实现减排的顺利实施。

二级指标分为经济指标、低碳（科技）发展指标、可持续发展指标和政策指标，从经济、科技、可持续发展和政策4个方面反映农业发展的低碳化程度。其中经济指标反映一个国家或地区农业经济发展水平，包括农业产值相关指标、农民人均收入、农业投入产出比等。低碳（科技）发展指标反映农业发展中，通过科技进步提高农业产量、降低能源消耗、减少温室气体排放的效果，包括农业科技含量、肥料使用情况、农村能源利用情况、农田碳源碳汇情况等。低碳（科技）发展指标在整个评价中占有最重要的地位，也是未来农业低碳化的重中之重。可持续发展指标从农业自身的可持续发展出发，衡量农业的后续发展程度，这也是发展低碳农业的目标，包括农田抗逆力和农田土地保有量等农田后续发展指标以及国家财政部门对农业的投入。政策指标从政府部门是否对农业生产有支持措施，是否有惠农政策，农产品分类认证等方面，综合反映政府部门对农业低碳转型的努力程度。

三级指标是承接二级指标并尽可能全面反映农业低碳发展的一系列基础性指标，参考国内外学者相关研究成果和相关农业发展文件综合确定，具体如表 7-1 所示。

表 7-1　　　　　　　　　　农业低碳发展评价

一级指标	二级指标	三级指标	单位	指标性质
农业低碳化发展水平 A	经济指标 A1	农业产值（A11）	万元	目标型
		农民人均纯收入（A12）	元/人	目标型
		土地产出率（A13）	万元/公顷	目标型
		农业投入产出比（A14）	%	目标型
	低碳（科技）发展指标 A2	农业科技贡献率（A21）	%	目标型
		农业科技人员相对数（A22）	%	目标型
		农业从业人员初中以上文化程度比重（A23）	%	目标型
		单位耕地塑料薄膜使用量（A24）	万吨	约束型
		单位耕地农药使用量	吨	约束型
		单位耕地化肥使用量（A25）	万吨	约束型
		有机肥占肥料比重（A26）	%	目标型
		单位耕地机械总动力（A27）	万千瓦	约束型
		秸秆利用率（A28）	%	目标型
		沼气普及率（A29）	%	目标型
		免耕土地比率（A210）	%	适度型
		薪柴使用量（A211）	吨	约束型
		农业能源消耗量（A212）	吨标准煤	约束型
		养殖业占农业产值比重（A213）	%	适度型
		农田年排碳量（A214）	吨	约束型
		农田年固碳量（A215）	吨	目标型

续表

一级指标	二级指标	三级指标	单位	指标性质
农业低碳化发展水平 A	可持续发展指标 A3	农田抗逆力（A31）		目标型
		农产品综合商品率（A32）	%	目标型
		水土流失面积比（A33）	%	约束型
		农业用地保有量（A34）	公顷	目标型
		有效灌溉面积（A35）	公顷	目标型
		土壤有机质含量（A36）	%	目标型
		财政对农业支持力度（A37）	%	目标型
		农村居民恩格尔系数（A38）		约束型
	政策指标 A4	农业补贴（A41）	有/无	目标型
		"家电下乡"（A42）	有/无	目标型
		农产品分类认证（A43）	有/无	目标型

7.3.1 主要评价指标解释

（1）农业产值（A11）。农业产值是指依照国家统计局和地方各级统计部门统计发布的、以货币形式表现的农业生产活动的价值总量，反映一定时期农业（小农业）生产规模和成果。

（2）农民人均纯收入（A12）。农民人均纯收入指农民当年得到的总收入扣除所发生费用后的收入总和，包括工资性收入、种植经营性收入、转移性收入和财产性收入等，反映一个国家或地区农村居民收入的平均水平。随着国家对"三农"问题的重视，农业投入持续增加，增加农民收入也成为解决"三农"问题的核心，也是发展低碳农业的基础。

（3）土地产出率（A13）。土地产出率是衡量一个地区农业发展程度的重要标志，反映当年单位土地产值的大小。由于农业土地耕种季数不同，耕种作物不同，产量和价格也不同，所以用单位土地产值来代替粮食产量，更有利于比较和研究。提高土地产出率，就是在投入既定的条件下，提高单位土地产值，这也是低碳农业发展要求的一个阶段。

(4) 农业投入产出比（A14）。农业生产中种子、肥料、耕作等全部静态投资额与农业创造的价值总和的比值，反映农业生产中的经济性。投入产出比越大，说明经济性越好。

(5) 农业科技贡献率（A21）。科学技术是第一生产力，是低碳经济发展的决定性因素。低碳农业是用科技装备起来的现代农业，通过采用农业科技的产值占农业产值的比重来衡量。农业科技贡献率反映了科学技术在农业生产中作用的大小，低碳农业对农业科技贡献率有较高的要求，更加重视用科技实现农业的低碳化发展。

(6) 农业科技人员相对数（A22）。农业科技人员担负着研究和推广新型、实用的农业技术的重任，包括培育良种、改善土地肥力、提高耕作效率等技术，并把已经研究成熟的、实用农业科研技术、农业科技成果和农业资讯传播到广大农村，使技术产生实际效果，增加农民收入。农业科技人员相对数用科研人员数与农业从业人员总数比值来计算。

(7) 农业从业人员初中以上文化程度比重（A23）。农民是发展现代农业的主体，农民素质的高低直接决定着农业的发展水平，决定着现代农业的进程。低碳农业发展中，科学技术能够起到重要的引导作用，还要有能顺利接纳、运用先进技术的农民，才能使先进的农业技术转化成最终的农业生产力。当前我国农民受教育层次普遍偏低，要实现农民素质的全面提高，才能为农业持续稳定发展提供强大的人才智力支持。根据我国农村实际，把初中以上文化程度作为衡量标准来评价科学技术在农村的应用和推广接受度。

(8) 单位耕地面积塑料薄膜使用量（A24）。塑料薄膜的生产过程要耗费大量的能源，增加二氧化碳排放量。随着新型农业的出现，塑料薄膜使用量也在逐年加大，所以引入塑料薄膜使用量作为发展低碳农业的约束性指标。

(9) 单位耕地面积农药和化肥使用量（A25）。农药和化肥在当前农业生产中运用相当普遍，成为农业增产的重要因素。在汛期和山地上使用化肥和农药时，化肥和农药流失率较高，造成对生态环境的污染和农业碳排放的上升。化肥和农药的生产、包装及使用过程中所消耗的能源在全部农业能源消耗中占有很大一部分比例，并且在使用过程中会带来大量的温室气体排放。

（10）有机肥占肥料比重（A26）。有机肥俗称农家肥，通常由各种动植物残体或代谢物组成，如人畜粪便、秸秆、动物残体等，供应有机物质来改善土壤理化性能，促进植物生长及土壤生态系统的循环。有机肥能够增加土壤有机碳含量，从而将大量二氧化碳固化在土壤中。当前的农业生产中，包括氮肥、磷肥、钾肥等在内的化肥是作物增产的主要要素之一。温室效应的诱因是碳氮比失衡，当前化肥多为氮基肥料，进一步加剧已经失衡的空气中的碳氮比，并且容易造成土地板结，因此要增加有机肥的使用。

（11）单位耕地面积农机总动力（A27）。农机总动力是指主要用于农业生产经营中的各种动力机械的动力总和，包括耕作机械、排灌机械、收获机械、农用运输机械等，主要集中在农用大中型拖拉机、小型拖拉机、农用排灌柴油机等机械设备方面。农用机械是农业生产经营中最直接和最主要的能源消耗来源。随着社会对农业耕作要求的提高，农业必然走向以大规模机械化操作作为核心的现代农业，农业的低碳化发展更要从提高低碳能源的比例和机械使用效率方面入手。

（12）秸秆利用率（A28）。秸秆利用是通过科技进步与创新，将秸秆进行加工、汽化等操作，用来生产秸秆饲料、发电、乙醇生产和制炭等。近年来，我国已经开始秸秆研究，以提高秸秆利用率，延长秸秆生态产业链，实现农业生产中经济、社会和生态协调发展。秸秆利用率用年秸秆利用量除以年秸秆产量计算得出。

（13）沼气普及率（A29）。沼气作为可再生清洁能源，是减少农民能源开支的惠民工程，应在农村地区大力推广。沼气是把农作物秸秆、动物粪便、生活垃圾等变成燃料、肥料、饲料。动物粪便为沼气池提供原料，沼渣当肥料，沼液当农药，不仅消除了环境污染，还可以增加土壤养分。沼气使用相当于建成一个循环经济的链条。沼气普及率用农村各地建成的沼气池数量除以农户数取得。

（14）免耕土地比率（A210）。农田系统是全球碳库最活跃的组成部分，其中土壤是碳素重要的储存库和转化器。土地在翻耕过程中会增加碳排放，作为保护性耕作技术之一，"免耕"摒弃了传统的犁铧翻耕的耕作方式，可以保存土壤中的碳含量，同时减少农业机械的使用，减少了化石燃料的燃烧，进一步减少了碳排放。

（15）薪柴使用量（A211）。在我国，特别是农村山区，作为重要的生产生活用能，薪柴在农村居民生产生活能源消耗中占比较高。通常情况下，木柴燃烧时排放的气体不仅包括二氧化碳，还有少量的一氧化碳和甲氧化碳、甲烷、一氧化氮等温室气体。在能源格局发生重大变革的今天，应当逐步降低农村薪柴的使用。

（16）农业能源消耗量（A212）。农业生产经营过程中所有的能源消耗总和，包括农用机械使用燃油、燃料、电力投入、化肥农药以及除草剂的使用等，不包括农村居民日常生活中的能源消费。能源消耗是人为的最直接产生温室气体的来源。

（17）家庭养殖业占农业产值比重（A213）。家庭养殖主要是指猪、牛、羊和饲养的大牲畜以及鸡、鸭、鹅等家禽，这类家畜家禽的排泄物可以为农业生产提供有机肥料，还可以为生产沼气提供原料，同时，牛羊反刍食物时排放的甲烷、氮氧化物等气体正是温室气体的一个重要来源。

（18）单位农田年排碳量（A214）。农田排碳量主要是农作物生长呼吸产生的二氧化碳以及在人为不断地播种、施肥、灌溉、除草和治虫等活动时产生的温室气体。

（19）单位农田年固碳量（A215）。在农田固碳方面，农作物光合作用吸收大量的二氧化碳，这也是农田生态系统碳吸收的主要方面。农田土地本身是巨大的碳库，可以把大量的碳存储在土壤里。目前农田排碳量和固碳量尚未有确切的方法来计量。

（20）农田抗逆力（A31）。农业主要在自然条件下进行生产活动，受自然环境条件影响较大，面临着多重资源约束与环境恶化压力。为衡量农业土地生产条件及其抗灾能力，用农业历年年均产值来表示农业生态系统的稳定性和可持续发展能力。

（21）农产品综合商品率（A32）。在市场经济下，产品最终要走向市场流通，农产品综合商品率是农业从自给性生产向商品经济转化的重要指标。提升农产品质量，增强农产品的市场竞争力，进而提高农产品的商品化程度，是现代农业发展的必然要求。农产品综合商品率的计算公式是进入市场流通的农产品价值除以农业总产值，该指标反映了农产品市场化水平，也体现了农业自身对市场信息的有效利用程度和可持续发展程度。

（22）水土流失面积比（A33）。由于自然和人为因素造成的水土流失是农业可持续发展的最大威胁。水土流失将破坏地面完整度，减少土地面积，降低土壤肥力，是衡量农业发展的负向指标。

（23）农业用地保有量（A34）。农业用地保有量是指直接或间接用于农业生产的土地资源，全面地反映农地资源的拥有量。足量的农业用地保有量是保证农业综合生产、保障农业安全的有效机制。2006年通过的《国民经济和社会发展第十一个五年规划纲要》明确提出，18亿亩耕地是未来五年一个具有法律效力的约束性指标，是不可逾越的一道"红线"。自2006年以来，国家政府文件和相关领导不断强调18亿亩耕地不动摇，可见农业用地保有量对农业生产的重要。

（24）有效灌溉面积（A35）。农业用水在农业生产中占有相当重要的地位，也是保证农业稳定生产的重要条件。

（25）土壤有机质含量（A36）。土壤有机质泛指土壤中以各种形式存在的含碳有机化合物。土壤有机质含量是指单位体积土壤中含有的各种动植物残体与微生物及其分解合成的有机物质的数量，一般以有机质占干土重的百分比表示，土壤有机质含量的高低直接关系到农作物生长状况的好坏。在农业耕作区，一般通过增施有机肥、秸秆还田等措施补充土壤有机质，以确保农业种植水平和农作物产品水平。

（26）财政对农业的支持力度（A37）。在工业主导的经济社会中，农业的弱势地位越来越突出。农产品价格走低以及外出务工等因素，使农业生产受到越来越大的挑战。加大农业投入,提高财政支持力度,成为农业持续发展的有力支撑点。财政补贴主要是指对农民实行的直接经济补贴,包括种子补贴、农机具购置补贴以及农业生产培育技术培训补助等。财政对农业的支持力度可以用财政对农业的补贴占农业产值的百分比来表示。

(27) 农村居民恩格尔系数（A38）。恩格尔系数指食物支出金额在消费性总支出金额中所占的比例。一个家庭的恩格尔系数越小,说明这个家庭经济越富裕。反之则家庭经济越困难。

政策因素。发展低碳农业,政策支持较为关键。在当前传统农业高耗能、低环保、不可持续的环境下,由于自然资源定价机制不完善,传统农业的生产成本远远低于绿色、有机等具有低碳特征的农业生产成本,在社会主义市场经济体制下,低碳农业发展面临高额经济成本的压力。因此,可持续发展的新型农业,需要政策方面的支持,诸如农业补贴、"家电下乡"、农产品分类认证等制度。

7.3.2 评价模型

根据第六章的无量纲化方法和权重分配方法,采用线性加权求和,以综合水平指数计算。

$$A = \sum x_i w_i$$

其中,A 为农业低碳化发展水平,x_i 为一致化后的无量纲指标,w_i 为相应的指标权重。

7.3.3 评价不足之处

研究提出的低碳农业评价模型还处于理论研究阶段,由于农田碳计量方法的不足,农田生物学定量研究的缺乏,农业统计口径的不完善等因素制约,相当一部分数据当前无法采集,在研究设计评价指标当中也存在很多不完善的地方,需要在理论研究中不断补充完善,现场调查的不充分也影响评价的完整性，这都需要继续做进一步深入的研究。

7.4 我国低碳农业发展思路

国家政策在产业结构调整和经济发展中具有强大的引导和示范作用，低碳农业发展中离不开国家政策支持，对低碳农业的财政补贴、低碳农产品认证与推广、发展低碳农业的产业政策支持等，对建立我国未来低碳农业体系都有着极其重要的意义。

在低碳农业发展方向上，在农村地区发展低碳农业生态产业链。在接连出现的"绝育黄瓜"、"爆炸西瓜"、"瘦肉精"等食品安全问题面前，对天然、绿色、有机等低碳农产品需求必将快速增加。从生产、运输到销售各环节加强监管，增强低碳农产品的"低碳、有机"效应，并进行深加工，延长低碳农产品产业链。在城市郊区农业发展上，可以建立都市型现代农业，提高耕作效率，尽可能少地使用农药、化肥等工业品，而更多地采用生物杀虫和有机肥料，减少温室气体排放。同时，还可以建立休闲农业，突破传统耕作农业的局限，打造旅游休闲农业。

在农业生产中，开展测土配方施肥，增加缓释肥使用比例，推行秸秆还田和多方面利用，增加土壤肥力，提高肥料效能。对农业从业人员开展技术培训，提高农民素质，强化低碳认知。

7.5 本章小结

联合国政府间气候变化专门委员会（IPCC）2007年第四次评估报告认为，农业是温室气体的第二大重要来源，随着温室效应不断加剧，对农业的低碳化研究也逐渐展开。作为同时具有碳源和碳汇功能的农业，低碳农业是在不断降低其碳源功能的同时加强其碳汇功能，减少农业生产活动中排放的温室气体。低碳农业的发展可以通过改变和调整农业产值与温室气体排放量之间的关系分步骤、多层次，逐步实现农业的低碳化发展。

低碳农业评价分三个层次，从经济、科技、可持续发展和政策等四个方面采用数值加权求和法进行综合评价，并提出了我国低碳农业发展思路。

第8章 国际低碳经济发展模式与实践

2003年，美国学者莱斯特·布朗在《B模式：拯救地球延续文明》一书中，提出并掀起了发展模式的B与A之争。布朗把现行的以化石燃料为基础、以破坏环境为代价、以经济为绝对中心的传统发展模式称为"A模式"；把以人为本，以利用风能、太阳能、地热资源、小型水电、生物质能等可再生能源为基础的生态经济发展新模式称作"B模式"。他呼吁全世界立即行动起来，以"B模式"取代"A模式"，拯救地球，延续文明。世界各国纷纷进行技术、资金投入，积极发展低碳经济，降低以二氧化碳为主的温室气体排放。

8.1 英国：低碳经济的先行者

作为第一次工业革命的先驱和资源并不丰富的岛国，英国充分意识到了能源安全和气候变化的威胁。英国早在2000年就开始执行其"气候变化计划"，此后每年都会出台新的气候变化年度计划。2003年英国政府颁布的《我们未来的能源：创建低碳经济》能源白皮书中，确立了2050年将二氧化碳排放减少60%的低碳发展战略。白皮书强调要通过科学创新优先发展可再生能源，包括风能、水能（含海浪、潮汐）、生物质能、能源作物、太阳能、太阳光电、燃料电池等，并确立最有可能产生实质性突破的六个技术领域：二氧化碳吸收、能源效率、氢的生产和存储、核能（特别是废物处理）、潮汐能。英国于2004年颁布《能源法》，核心内容为可持续能源、核能问题和竞争的能源市场。2006年7月发布《能源回顾报告》，陈述如何应对英国能源政策面临的两大长期挑战，并就一系列相关问题进行广泛的公众咨询。2006年10月，英国政府发布《气候变化的经济学：斯特恩报告》，对全球变暖的经济影响做了定量评估。《斯特恩报告》认为，气候变化的经济代价堪比一场世界大战的经济损失。应对这场挑战，目前技术上是可行的，在经济负担上也比较合理。行动越及时，花费越少。如果现在全球以每年GDP 1%的投入，即可避免未来每年GDP 5%~20%的损失。

2007年3月，英国通过《气候变化草案》，这是世界上第一个关于气候变化的立法，给政府在排放交易方面提供更大的权力，从而建设英国的低碳经济。2007年5月23日，在英国第七届能源展览暨研讨会上，英国政府公布了堪称可再生能源开发政府纲领的《英国能源白皮书》，进一步明确了通过提高能效、促进低碳技术的采用和选择燃料来实现低碳经济的能源总体战略。2008年，英国颁布实施《气候变化法案》，这使英国成为世界上第一个为减少温室气体排放、适应气候变化而建立具有法律约束性长期框架的国家。2008年12月1日，英国气候变化委员会提交了《创建低碳经济——英国温室气体减排路线图》。报告详细阐述了英国2050年的温室气体减排目标以及实现目标的原则、方式和路径，提出了一个涵盖2008~2022年3个5年期碳预算的未来减排路线图。报告认为，如果要将气候变化所带来的风险控制在可接受的水平，2050年全球温室气体排放必须在目前的水平上至少减少50%。

2009年4月，布朗政府宣布将"碳预算"纳入政府预算框架，使之应用于经济社会各方面，并在与低碳经济相关的产业上追加了104亿英镑的投资，英国也因此成为世界上第一个公布"碳预算"的国家。英国还推行"政府投资、企业运作"的模式，促进商用技术的研发推广，运用多种手段引导人们向低碳生活方式转变。英国时任首相布朗在2009年6月26日发表演说表示，发展中国家不应再延续带来巨大环境成本高能耗的发展模式，而应考虑发展低碳经济的新模式。英国认为，对发展中国家来说向低碳经济转型是现实需要，因为发展中国家更容易受到干旱和洪水等极端气候的影响，应对手段也相对匮乏。因此，发展中国家对实施低碳经济以抑制气候变化有着更紧迫的需求。2009年7月15日,英国发布了《英国低碳转换计划》《英国可再生能源战略》。按照英国政府的计划,到2020年可再生能源在能源供应中要占15%的份额,其中40%的电力来自绿色能源领域,这包括对依赖煤炭的火电站进行"绿色改造",更重要的是发展风电等绿色能源。在住房方面,英国政府拨款32亿英镑用于住房的节能改造,对那些主动在房屋中安装清洁能源设备的家庭进行补偿。在交通方面,新生产汽车的二氧化碳排放标准要在2007年基础上平均降低40%。同时,英国政府还积极支持绿色制造业,研发新的绿色技术,从政策和资金方面向低碳产业倾斜,确保英国在碳捕获、清洁煤等新技术领域处于领先地位。

在低碳技术领域,英国将能源作为今后长期战略中的主攻方向之一,投入巨额资金,并根据研发工作的需要,整合资源建立了新的研究中心,致力于能源创新和加速推进关键技术商业化开发。自2003年以来,先后成立了英国能源研究中心、能源技术研究所、国家核试验室等研究机构,启动了"清洁化石燃料计划"、"氢战略框架"、"超级发电计划"等研究计划。目前,英国已初步形成了以市场为基础,以政府为主导,以全体企业、公共部门和居民为主体的互动体系,从低碳技术研发推广、政策发挥建设到国民认知等诸多方面,都处于世界领先位置。从某种程度上讲,英国已突破了发展低碳经济的最初瓶颈,走出了一条崭新的可持续发展之路。

8.2 美国:立法加巨额投资

尽管美国在国际政治舞台上利用温室气体排放等问题给其他国家施加压力,并且拒绝签署《京都议定书》,但是它并没有放松对温室气体排放的严格控制,而是采取积极的应对措施实现低碳经济发展(见表8-1)。在可持续能源发展方面,美国吸引的风险资本和私人投资最多,生产税收减免等联邦法规对可持续能源开发和利用、低碳经济发展都起到了积极的推动作用。

表8-1　　　美国2000~2009年部分应对温室气体变暖的政策

年份	政策法案	政策概要
2000	绿色采购法	促进政府和公众组织降低对环境影响较大设备的采购
2002	全国能源基础法	主要有三个方面内容：能源安全、对环境的适应性和市场机制的使用
2003	能源节约与循环利用援助法	主要援助范围：（1）在工厂或其他商业中心安装新设备或改进现有装备，使能源利用合理化；（2）安装或使用有助于能源利用合理化的建筑设备和建筑材料；（3）对节能研发做出贡献的产品制造技术
2005	能源政策法案	提高家用电器和设施的能效标准，利用税收的激励政策鼓励购买高能效的家电以及燃油效率较高的交通工具等
2006	新国家能源战略	（1）到2030年对石油的依赖有50%减少至40%，内含节能计划、交通能源计划、新能源创新计划和国家核电计划；（2）加强国际能源、环境问题合作
2007	低碳经济法案	确立战略性温室气体减排的目标：2020年将美国温室气体的排放减少到2006年水平，2030年减少到1990年水平
2008	能源独立和安全法案	（1）至2020年，每年至少生产36亿加仑生物燃料；（2）至2020年，全国燃料标准为每加仑35英里；（3）到2014年逐步淘汰白炽灯泡。到2020年，改进70%的照明效率；（4）更新能源政策对家电产品的节能标准，包括加热和冷却系统，消费类电子产品，住宅供暖和家用电器；（5）至2015年，减少30%的联邦政府设施能源消耗，至2030年，确保所有联邦大楼为碳中性；（6）至2020年，提高轿车和轻型卡车燃油标准至每公升15公里；（7）建立碳捕获和储存基金
2008	强制性温室气体报告	美国环保局强制性要求所有部门提供温室气体排放量报告，报告还应包括从企业上游和下游产生的排放量
2009	经济复苏和投资法案	700亿美元对清洁能源和能效项目的投资

近几年，美国对"低碳经济"的认识发生了积极转变。2006年9月，美国公布了新的"气候变化技术计划战略规划"，新规划将通过捕集、减少以及储存的方式来控制温室气体的排放量，该计划中包含的技术有氢能源、生物提炼、清洁煤、碳储存、核分裂和聚变能等，改善气候变化，保证能源安全、降低空气污染以及其他紧迫需求。2007年5月，时任美国总统的布什提出

"美国应对气候变化的长期战略",力邀全球15个主要温室气体排放国在减排问题上设立长期目标。2007年7月,美国参议院提出了《低碳经济法案》,建议到2020年将美国的碳排放量减至2006年的水平;到2030年,减至1990年的水平。法案还提出建立综合的碳贸易配额制度、政府提供补贴,鼓励企业进行技术改造、保护消费者利益和提供就业机会、鼓励发展碳捕集与封存技术、技术进步补贴和低收入家庭补助以及开展国际合作等。尽管该法案受到广泛争论,但可以看出,发展低碳技术与经济的思路已经得到了美国政府部分高层人士的重视。相信在不久的将来,低碳技术与经济的发展道路有望成为美国未来的重要战略选择。

相比联邦政府,美国各州政府的反应更为积极。2007年9月,时任美国加利福尼亚州州长施瓦辛格签署了美国首个控制温室气体排放法案,成为美国第一个对碳排放采取限制性措施的州。根据法案,加州将于2020年将温室气体排放减少25%,使其达到1990年的水平;到2050年,加州再将温室气体排放减少80%。在加州的牵头下,美国16个州还计划自行制定更严格的汽车尾气排放标准。其中,新泽西州通过了《对抗全球变暖法案》,成为美国首个通过立法强制大幅削减温室气体排放量的州。目前,美国已有数十个州执行了削减温室气体排放的法规,出台了鼓励使用可再生能源的措施,东北部各州还建立了温室气体排放指标交易体系。

美国政府加强对能源和环境领域的科研投入与总体部署,基本战略是利用科学技术的优势,扩大替代能源的使用,减少化石能源消耗和碳化物的排放。在开发清洁能源的过程中,美国科研机构把重点放在了开发太阳能、生物燃料和先进照明技术等方面,并已取得了长足进展,特别是在开发太阳能方面。为此,布什签署了《晴朗天空法》,在一定程度上作为《京都议定书》的替代方案。近年来较为突出的相关科技领域的部署包括气候变化技术计划、氢燃料计划、未来发电计划发展生物质能源和研究碳捕集与封存技术等。2007年,布什政府又提出了以扩大再生燃料的使用和提高燃油效率等为主的改革建议,以降低美国对国外能源的依赖。

第56届美国总统贝拉克·奥巴马在能源方面提出的政策主张是实现能源自给，重点投资于清洁能源技术。在提出的新能源政策中，实施"总量控制和碳排放交易"计划，设立国家建筑物节能目标，预计到2030年，所有新建房屋都实现"碳中和"或"零碳排放"；成立芝加哥气候交易所，开展温室气体减排量交易。2009年2月15日，美国出台了《美国复苏与再投资法案》，投资总额达到7870亿美元，将发展包括高效电池、智能电网、碳储存和碳捕获、风能和太阳能等可再生能源列为重要内容。此外，应对气候变暖，美国力求通过一系列节能环保措施大力发展低碳经济。2009年6月28日，美国众议院通过了《美国清洁能源和安全法案》。该法案授权美国环保署（EPA）实施"智能道路"项目改善客运和货运交通，鼓励应用智能电网，采取措施减少高峰负荷，开发能够与智能电网互动的家用电器。这是美国第一个应对气候变化的"一揽子"方案，不仅设定了美国温室气体减排的时间表，还设计了排放权交易，试图通过市场化手段，以最小成本来实现减排目标。在奥巴马2009年12月初宣布的促进就业新方案中，除了扶持小企业发展，加大对桥梁、铁路、公路等基础设施建设外，包括住房能效改造在内的新能源与节能领域的投资仍是重点之一。奥巴马政府还把温室气体减排方案与绿色技术创新联系起来，计划通过碳排放交易机制，在未来10年内向污染企业征收6460亿美元，其中1500亿美元将投入清洁能源技术的应用，以减少对石油和天然气等石化能源的依赖。从这一系列决策中可以看出，奥巴马政府已认识到全球低碳经济的发展趋势，通过发展低碳经济，既能刺激经济增长，增加大批就业岗位，又能为美国的持久繁荣确立更雄厚的新技术优势。奥巴马的绿色新政推动了绿色能源科技革命，把信息通信技术（ICT）与新能源技术（NET）相结合，将世界带到智能化高科技绿色能源时代，从能源资源型社会走向能源科技型社会。

8.3 欧盟：新经济政策和就业增长点

自《京都议定书》签署以来，欧盟一直主导减排的前进步伐，对本区域的工业产品制定了更严格的节能与排气量指标,深刻影响了全球工业产品的竞争格局,使欧盟赢得了新经济竞争的初步优势,引导着新兴低碳经济、环保产业的发展。欧盟在2004年3月已完成主要的应对气候变化的法律制定工作,制定了排放权交易计划。2004年10月,欧盟委员会宣布,已批准8个欧盟成员国的废气排放计划,限制性地分配了这些成员国的二氧化碳排放量。欧盟确信排放贸易机制是一个非常有效的方法,可以使欧盟实现京都目标的成本减少35%,相当于到2012年每年3亿欧元的收益。

2007年10月7日,欧盟委员会建议欧盟在未来10年内增加500亿欧元用来发展低碳技术,根据这项立法建议,欧盟发展低碳技术的年资金投入将从目前的30亿欧元增加到80亿欧元。欧盟委员会还联合企业界和研究人员制定了欧盟发展低碳技术的"路线图",计划在风能、太阳能、生物能源、二氧化碳的捕获和储存等六个具有发展潜力的领域,大力发展低碳技术。2007年底,欧盟委员会通过了欧盟能源技术战略计划,明确提出鼓励推广"低碳能源"技术,促进欧盟未来能源可持续利用机制的建立和发展。欧盟国家利用其在可再生能源和温室气体减排技术等方面的优势,积极推动应对气候变化和温室气体减排的国际合作,力图通过技术转让为欧盟企业进入发展中国家能源环保市场创造条件。2008年12月,欧盟最终就欧盟能源气候"一揽子"计划达成一致,形成了欧盟的低碳经济政策框架。批准的"一揽子"计划包括欧盟排放权交易机制修正案、欧盟成员国配套措施任务分配的决定、碳捕获和储存的法律框架、可再生能源指令、汽车二氧化碳排放法规和燃料质量指令等6项内容。具体措施包括:到2020年将温室气体排放量在1990年基础上减少至少20%,将可再生清洁能源占总能源消耗的比例提高到20%,将煤、石油、天然气等化石能源消费量减少20%。

在欧盟2000亿欧元的经济恢复计划中,也有多项与节能环保直接有关,包括改善建筑的能源效率以及发展汽车和建筑的清洁技术等。2009年11月17日,欧洲议会通过欧盟能源气候"一揽子"计划,该计划将帮助欧盟向低碳经济发展,增强欧盟的能源安全,引导欧盟向低碳经济发展,从而提高欧盟产业的竞争力。2009年11月24日，欧盟委员会经过酝酿后，正式提出打造"绿色知识经济体"的战略构想，未来10年经济发展要实现三大目标：继续迈向知识经济体，改善就业状况，建设既有竞争力又更加"绿色"的经济。可见，"绿色"与"就业"是欧盟委员会新战略构想的核心因素。面对经济危机和高失业率，欧盟正将发展低碳经济视为解救危机的一个契机。气候变化以及应对政策对能源供应、农业、渔业、旅游和建筑业行业就业是利好因素，尽管随着再生能源的兴起，传统能源行业的就业将面临萎缩，但两项比较，再生能源行业仍可创造近40万个就业机会。未来将会出现一个从事环保材料生产、碳足迹测量、环保评估等工作的新阶层——"绿领"。从现在起，欧盟在制定就业政策时就必须充分考虑这一因素，并加强"绿领"行业的宣传和技能培训，以适应经济转型的需要。可见，"绿色低碳经济"给欧盟带来的不仅是维持欧盟在环保领域的优势地位，提高竞争力，更可以大大缓解失业带来的巨大社会压力，保持欧盟"发展模式"的生命力。

欧盟气候政策的主干是欧盟的排放交易体系（EU Emissions Trading System，ETS），这是目前世界上最重要的多国之间的温室气体限额交易体系。ETS交易系统分阶段实施，进行周期性的评估，而且有机会扩展到其他温室气体和部门。虽然是欧盟范围内的市场体系，但是通过利用清洁发展机制（CDM）和联合履约机制（JI）为世界其他国家地区提供减排机会，也提供了可兼容的发展中国家利用的减排机制。ETS第一阶段（2005~2007年）主要集中在二氧化碳的排放源。占欧盟二氧化碳排放近40%的上万个能源企业和工业部门参与这个体系，配额的发放是完全免费的。第二阶段（2008~2012年），ETS将接纳CDM经核准的减排额度（CERs）和JI的信用额度，计划2010年将飞行部门的排放也纳入交易体系。ETS的第三个阶段即2012年后，计划将所有的温室气体和部门，包括飞行、海洋运输和林业都纳入ETS，拍卖60%的排放配额。2008年欧盟ETS继续在全球碳市场占主导地位，交易量为3093MT二氧化碳，交易额达到920亿美元，比2007年度增加了87%。

8.4 日本：强化低碳，建立低碳社会

受地理环境等自然条件制约，全球气候变暖对日本的影响远大于世界其他发达国家，日本是《京都议定书》的倡导国，也是推动"低碳经济"的急先锋。在发展"低碳技术"方面，日本投入巨资开发利用太阳能、风能、光能、氢能、燃料电池等替代能源和可再生能源，并积极开展潮汐能、水能、地热能等研究。日本在光伏发电技术领域居世界领先地位，是全球最大的光伏设备出口国。日本推出的"先进光伏发电计划"提出，到2030年，将太阳能发电量提高20倍。面对气候变暖可能给本国农业、渔业、环境和国民健康带来的不良影响，日本各届政府一直在宣传推广节能减排计划，主导建设低碳社会。

日本政府将新能源的开发列入重要的议事日程，不仅制定了长期可持续发展的产业发展目标，同时采取了强制性与激励性互为补充的政策手段，力争从各个方面推进并不断完善新能源的开发与利用。日本政府对新能源政策信息面向社会全面公开，并通过各种媒体做公益广告，向国民普及新能源知识。为了提高国民利用新能源的意识，政府从娃娃抓起，面向公众，建立新能源公园。日本新能源公园不但具有示范作用，而且其本身也是新能源开发综合试验基地。日本政府遵循法治原则，一系列强制性法律、法规和政策陆续出台，为新能源开发和利用提供支撑。同时还出台了一系列各种各样的经济激励政策。

早在1979年，日本政府就颁布实施了《节约能源法》，并对其进行了多次修订。从1991~2001年，先后制定了《关于促进利用再生资源的法律、合理用能及再生资源利用法》《废弃物处理法》《化学物质排出管理促进法》《2010年能源供应和需求的长期展望》等法案。2004年4月，日本环境省设立的全球环境研究基金制定了"面向2050年的日本低碳社会情景"研究计划。该研究计划由来自大学、研究机构、公司等部门的约60名研究人员组

成,分为发展情景、长期目标、城市结构、信息通信技术、交通运输等五个研究团队,同时项目组还与日本国内相关大学、海外研究机构合作,共同研究日本2050年低碳社会发展的情景和路线图,提出在技术创新、制度变革和生活方式转变方面的具体对策。2006年,经济产业省还编制了《新国家能源战略》,通过强有力的法律手段,全面推动各项节能减排措施的实施。针对低碳社会建设,日本政府提出了非常详细的目标,即将温室气体减排中期目标定为2020年与2005年相比减少15%,长期目标定为2050年比现阶段减少60%~80%;2020年要使70%以上的新建住宅安装太阳能电池板,太阳能发电量提高到目前水平的10倍,到2030年要提高到目前水平的40倍。2007年2月,日本环境省全球环境研究基金项目组发表了题为"日本低碳社会情景:2050年的二氧化碳排放在1990年水平上减少70%的可行性研究"的研究报告,指出在满足到2050年日本社会经济发展所需能源需求的同时实现比1990年水平减排70%目标是可行的,日本具有相应的技术潜力,即对低碳社会构想的可行性加以肯定。

2007年5月,日本经济、贸易和产业省计划在5年内投资17.2亿美元开发低碳排动力系统和燃料,新一代动力系统和燃料的开发将有助于削减石油消耗和减少二氧化碳排放,提出将"到2050年温室气体排放量减少至现在的一半的目标",作为全球共同的长期目标。2007年6月,日本内阁会议审议通过了《21世纪环境立国战略》。这部系统阐述日本中长期环境政策的战略报告书将关于低碳社会的论述确立为政府的发展目标,并宣布将以低碳社会为基础,建设与环境协调的美丽家园,作为"日本模式"向全世界宣传。日本中央环境审议会地球环境分会为明确实现低碳社会建设的努力方向,针对其基本理念、具体构想以及实施战略进行了讨论。该分会对建设低碳社会进行的讨论提出了以下三个基本理念:一是实现最低限度碳排放的关键在于构建一个社会体系,使得产业界、政府、国民等社会所有组成部门都认识到地球环境的不可替代性,树立走出大量生产、大量消费和大量废弃这种传统社会模式的意识,在做出抉择时,充分考虑到节能、低碳能源的利用和推进循经济，以及提高资源利用效率等方式来实现最低限度的碳排放。二是实现富足而简朴的生活。即鼓励人们从一直以来以发达国家为中心形成的通过大量消费来寻求生活富足感的社会中挣脱出来。人们选择及追求简朴生活方式和丰富的精神世界的价值观变化必将带来社会体系的变革，使低碳型富裕社会得以实现。此外，生产部门也需要结合消费者的意向进行自我改革。例如，根据消费者选择环境友好型产品的倾向，积极致力于环境友好型产品的研发。三是实现与自然和谐共存。在确保二氧化碳的吸收源、应对不可避免的全球变暖问题上，保护森林、海洋等丰富多样的自然环境资源，使其可再生，推动包括地区社会生物质利用在内的"自然调和型技术"的使用，确保与大自然接触的场所和机会。

在2008年1月达沃斯世界经济论坛上，福田首相宣布今后5年日本将投入300亿美元来推进"环境能源革新技术开发计划"，目的就是为了率先开发出减少碳排放的革新技术。2008年3月5日，日本经济产业省公布了"凉爽地球能源技术创新计划"，该计划制定了到2050年的日本能源创新技术发展路线图，明确了21项重点发展的创新技术，即：高效天然气火力发电、高效燃煤发电技术、二氧化碳的捕捉和封存技术、新型太阳能发电、先进的核能发电技术、超导高效输送电技术、先进道路交通系统、燃料电池汽车、插电式混合动力电动汽车、生物质能替代燃料、革新型材料和生产技术加工技术、革新型制铁工艺、节能型住宅建筑、新一代高效照明、固定式燃料电池、超高效热力泵、节能式信息设备系统、电子电力技术、氢的生成和储运技术等。2008年5月19日，日本综合科学技术会议公布"低碳技术计划"，提出了实现低碳社会的技术战略以及环境和能源技术创新的促进措施，内容涉及快中子增殖反应堆循环技术、高能效船只、智能运输系统等多项创新技术。2008年5月，日本环境省全球环境研究基金项目组又完成了"面向2050年日本低碳社会情景的12大行动"的研究报告。这12项行动涉及住宅部门、工业部门、交通部门、能源转换部门以及相关交叉部门，每一项行动中都包含未来的目标、实现目标的障碍及其战略对策以及实施战略对策的过程与步骤等三部分。新出炉的日本低碳社会行动计划草从措施、行动日程、数值目标等方面对"福田蓝图"进行了细化，提出要在3~5年内，将太阳能发电设备的价格降至目前的一半，同时大力推进将二氧化碳封存到地下的碳捕集及封存技术的开发。日本经济产业省表示将在2009年对安装太阳能设备的用户发放70000日元/千瓦的补贴，使安装家用太阳能发电设备的费用在今后3~5年内减半。低碳社会的建立，依赖于以城市为单位的生活方式的转变以及改善城市功能和交通系统的配套改革。

2008年6月9日，日本时任首相福田康夫在日本记者俱乐部发表了题为《向"低碳社会·日本"努力》的演讲。福田说，如果我们继续对地球变暖问题袖手旁观，那么我们的子孙将处于危机之中。地球变暖的背景就是现在的世界过于依赖化石能源。如今，我们必须摆脱在产业革命之后对高碳化石能源形成的依赖，为了子孙大力创建低碳社会。紧接着，福田康夫以政府的名义提出日本新的防止全球气候变暖的对策，即著名的"福田蓝图"，这是日本低碳战略形成的正式标志。它包括应对低碳发展的技术创新、制度变革及生活方式的转变，其中提出了日本温室气体减排的长期目标是：到2050年日本的温室气体排放量比目前减少60%~80%。"福田蓝图"的提出，表明日本已基本完成对构筑"低碳社会"相关问题的研究判断，把低碳经济作为引领今后经济发展引擎的思路已逐渐清晰。

2008年7月26日，日本内阁会议通过了"实现低碳社会行动计划"，明确阐述了日本实现低碳社会的目标以及为此所需要做出的各种努力。例如，到2020年日本的太阳能发电量将是现在的10倍，未来5年内将家用太阳能发电系统的成本减少一半等多项减排措施。"实现低碳社会行动计划"进一步将日本国家战略细化，提出了具体的目标和措施：(1) 政府负责监督管理。日本建立了多层次的节能监督管理体系，第一层为以首相领导的国家节能领导小组，负责宏观节能政策的制定；第二层为以经济产业省及地方经济产业局为主干的节能领导机关，主要负责节能和新能源开发等工作，并起草和制定涉及节能的详细法规；第三层为节能专业机构，如日本节能中心和新能源产业技术开发机构（NEDO）等，负责组织、管理和推广实施。（2）政府利用财税政策加以引导。为促进节能减排政策的落实，日本政府出台了特别折旧制度、补助金制度、特别会计制度等多项财税优惠措施加以引导，鼓励企业开发节能技术、使用节能设备。"低碳社会行动计划"还提出，从2009年起将就碳捕获与埋存技术开始大规模验证实验，争取2020年前使这些技术实用化。为了推动能源和环境技术发展，日本政府还制定了以下两个方面的具体措施：一是限制措施。比如日本《建筑循环利用法》规定，改建房屋时有义务循环利用所有建筑材料，使得日本由此发明了世界先进的混凝土再利用技术。二是提供补助金。日本政府正在探讨恢复对家庭购买太阳能发电设备提供补助的制度，降低对中小企业购买太阳能发电设备提供补助的门槛。另外，日本2008年已开始向购买清洁柴油车的企业和个人支付补助金，以推动这种环保车辆的普及。2008年7月，日本政府选定人口超过70万的大城市横滨、九州，人口在10万人以下的地方中心城市带广市、富山市，以及人口不到10万的小规模市县村熊本县水俣、北海道下川町作为推动向"低碳社会"转型、引领国际趋势的"环境模范城市"。这些城市大力发展风能、太阳能，推广环境可持续的交通体系，实施二氧化碳减排，以促进社会低碳化发展，建设低碳型城市。

日本政府在2009年推出的经济刺激方案中重点强调了发展节能、新能源、绿色经济的主旨，其措施是延伸和细化2006年提出的"新国家能源战略"，如提高太阳能普及率措施、发展环保车措施、发展生物技术和产业措施等。2009年4月，日本又公布了名为《绿色经济与社会变革》的政策草案，目的是通过实行减少温室气体排放等措施，强化日本的低碳经济。这份政策草案除要求采取环境、能源措施刺激经济外，还提出了实现低碳社会、实现与自然和谐共生的社会等中长期方针，其主要内容涉及社会资本、消费、投资、技术革新等方面。此外，政策草案还提议实施温室气体排放权交易制和征收环境税等。

日本未来加强能源和环境领域研发的思路还体现在2009年度各部门的预

算申请中，根据日本内阁府 2008 年 9 月发布的数字，在科学技术相关预算中，仅单独列项的环境能源技术的开发费用就达近 100 亿日元．其中创新性太阳能发电技术的预算为 55 亿日元。日本期望通过"低碳革命"和"引领世界二氧化碳低排放革命"来"建设健康长寿社会"并"发挥日本魅力"。

8.5 联合国：积极推行低碳经济

早在 1992 年，154 个国家和地区的代表签订了第一份关于气候变化的国际性条约《联合国气候变化框架公约》（United Nations Framework Convention on Climate Change）简称《公约》。《公约》于 1994 年 3 月生效，奠定了应对气候变化国际合作的法律基础，是具有权威性、普遍性、全面性的国际框架。1997 年，《公约》缔约方大会在日本举行的第三次缔约方会议上，又签订了《京都议定书》，对 2012 年前主要发达国家减排温室气体的种类、减排时间表和额度等做出了具体规定。《联合国气候变化框架公约》和《京都议定书》都特别强调，发达国家应该严格履行减排目标，并在 2012 年后继续率先减排。发展中国家应该根据自身情况采取相应措施，特别是要注重引进、消化、吸收先进清洁技术，为应对气候变化做出力所能及的贡献。其中的"清洁发展机制"（CDM）尤为引人瞩目。即发达国家帮助发展中国家每减少一吨二氧化碳排放，其在国内就可相应多排放一吨二氧化碳，即多获得一吨二氧化碳排放权。2005 年 2 月 16 日，由联合国气候大会于 1997 年 12 月在日本京都通过的《京都议定书》正式生效。这是人类历史上首次以法规的形式限制温室气体排放。《京都议定书》的生效促进了全球碳市场的发展，而全球碳市场承载低碳经济的发展希望。为了促进各国完成温室气体减排目标，议定书允许采取以下四种减排方式：第一，两个发达国家之间可以进行排放额度买卖的"排放权交易"，即难以完成削减任务的国家，可以花钱从超额完成任务的国家买进超出的额度。第二，以"净排放量"计算温室气体排放量，即从本国实际排放量中扣除森林所吸收的二氧化碳的数量。第三，可以采用绿色开发机制，促使发达国家和发展中国家共同减排温室气体。第四，可以采用"集团方式"，即欧盟内部的许多国家可视为一个整体，采取有的国家削减、有的国家增加的方法，在总体上完成减排任务。

2007年2月至11月间，联合国政府间气候变化专门委员会（Intergovernmental Panel on Climate Change，IPCC）陆续发布第四次气候变化评估报告的四个部分，从不同方面就全球气候变化的事实、原因、预估、影响、适应和减缓措施等方面进行了综合评估。该报告为解决气候问题上长期争论的三个基本问题提供了强有力的科学结论。其一，气候变暖的现象确实是在发生，按照现在的趋势到21世纪末地球温度有可能上升1摄氏度到6摄氏度；其二，地球变热的主要原因，与以二氧化碳为主的六种温室气体（GHG）的持续排放有关；其三，温室气体的持续排放，来源于过去100多年来工业革命的化石能源消耗，因此应对气候变化的关键就是大幅度降低化石能源的消耗。报告指出，在当前气候变化减缓政策和相关可持续发展措施下，未来几十年全球温室气体排放将持续增加。如以等于或高于当前的速率持续排放温室气体，会导致全球进一步变暖，并引发21世纪全球气候系统的许多变化，从而对全球人类的基本生活元素——水的获得、粮食生产、健康和环境产生巨大影响。

2007年12月3日，联合国气候变化大会在印度尼西亚巴厘岛举行，12月15日正式通过一项决议，决定在2009年前就应对气候变化问题新的安排举行谈判，并制定了世人关注的应对气候变化的"巴厘岛路线图"。"巴厘岛路线图"确定了今后加强落实《联合国气候变化框架公约》的领域。1992年，联合国环境与发展大会通过了《公约》，这是世界上第一个关于控制温室气体排放、遏制全球变暖的国际公约。在1997年的《公约》第三次缔约方大会上，《公约》实施取得重大突破，缔约方在日本京都通过了《京都议定书》，对减排温室气体的种类、主要发达国家的减排时间表和额度等做出了具体规定。此次出台的"巴厘岛路线图"，将为进一步落实《公约》指明方向。该"路线图"为2009年前应对气候变化谈判的关键议题确立了明确议程，具体议题包括：适应气候变化消极后果的行动，减少温室气体排放的方法，广泛使用气候友好型技术的方法，以及对适应和减缓气候变化措施进行资助。确认了"共同但有区别的责任"原则，其核心就是进一步加强《联合国气候变化公约》和《京都议定书》的全面、有效和持续实施，重点解决减缓、适应、技术、资金问题。同时，要求发达国家在2020年前将温室气体减排25%～40%。"巴厘岛路线图"为全球进一步迈向低碳经济起到了积极的作用，"巴厘岛路线图"是人类应对气候变化历史的一座新里程碑。

联合国环境规划署确定2008年"世界环境日"（6月5日）的主题为"转变传统观念，推行低碳经济"，更是希望国际社会能够重视并采取措施使低碳经济的共识纳入决策之中。可以说，低碳经济已成为世界潮流，将引领全球生产模式、生活方式、价值观念和国家权益所发生的深刻变革。在世界环境日当天，联合国环境规划署还正式发行了一本新的刊物——《改变碳释放联合国气候综合指南》。显然，联合国已下定决心，要让全世界各个国家、城市、组织和公司都重新审视绿色选择。

2009年9月22日，联合国气候变化峰会在纽约联合国总部举行，低碳经济再度升温。这是联合国历史上就气候变化问题举行的最大规模的国际会议，在这次峰会上，发达国家一方面希望利用"全球2050年减排50%"、"发展中国家减排"等推卸自身减排责任，分化发展中国家，让所谓"新兴发展中国家"承担跟发达国家相似的减排义务；另一方面希望尽快形成全球碳关税、排放总量控制和碳贸易体系。时任国家主席胡锦涛在联合国气候变化峰会上强调，在应对气候变化过程中，必须充分考虑发展中国家的发展阶段和基本需求。他表示，重视发展中国家特别是小岛屿国家、最不发达国家、内陆国家及非洲国家的困难处境，倾听发展中国家的声音，尊重发展中国家的诉求，把应对气候变化和促进发展中国家发展、提高发展中国家发展内在动力和可持续发展能力紧密结合起来。这是对发展中国家和最不发达国家在即将来临的"低碳经济"时代的重大关切。

2009年11月30日，联合国环境规划署最新报告表明，与利用煤炭和石油发电的1100亿美元投资相比，2008年全球绿色能源发电的投资首次超过传统能源，达到了 1400 亿美元。低碳经济中的最重要领域——绿色能源（太阳能、风能、生物能源等）发展的状况表明，全球低碳经济发展已进入一个重要分水岭，它已开始对各国经济结构、投资和生产生活产生重要影响。

2009 年 12 月 7 日～18 日召开的哥本哈根联合国气候变化大会，涉及世界各国从高碳排放的工业文明向低碳消耗的生态文明的革命性转型。此次大会被很多人寄予厚望，被称为"人类拯救地球的最后机会"。2010 年 11 月 29 日至 12 月 10 日，在墨西哥坎昆举行了《联合国气候变化框架公约》第 16 次缔约方会议暨《京都议定书》第 6 次缔约方会议，目的是在《京都议定书》下，确定发达国家缔约方在 2012 年后第二承诺期的减排指标，没有参加《京都议定书》的发达国家应该承担与其他发达国家可相比的减排指标。从 20 世纪 90 年代开始，绿色经济的研究者就预言，按照著名的尼古拉·康德拉季耶夫（Nikolai D. Kondratieff）经济长波理论或约瑟夫·熊彼特（Joseph Alois Schumpeter）创新周期理论，在以信息技术革命为内容的第五次创新长波之后，即将来临的是以资源生产率革命为特征的第六次创新长波，而这个长波的意义就是开创以低碳能源为特征的生态经济新时代，哥本哈根会议将会实质性地启动这个绿色经济的新长波。虽然哥本哈根峰会会场内只是达成了"有限共识"，没有实质上的协议，但是在会场外，更多世界各国的人们却在这次坎坷而令人失望的峰会中达成了共识：通过减排遏制全球变暖就是在拯救地球，就是在维护人类最基本的生存权利。这点共识将会鼓励更多的人自觉加入减排的行列中来。坎昆会议则体现了发展中国家坚持发展的需求，在解决发达国家向发展中国家、小岛屿国家和最不发达国家提供财政援助的资金来源上向前迈进了一步，设立了"绿色气候基金"，帮助贫穷国家发展低碳经济，保护热带雨林，共享洁净能源新技术等。

哥本哈根留下了遗憾，但越来越多的"地球村"村民达成这样的共识才是地球真正的希望。在哥本哈根大会之后，这种建立在体谅、妥协基础上的弥补，已无多少缓行余地，及早践行，现实才能托起我们的绿色梦。无论如何，世界依然会走向低碳经济的绿色发展道路。

8.6 低碳经济发展的国际经验总结

低碳发展是国际社会实现减排、有效遏制地球温室效应的不二法门，是人类实现可持续发展的根本大计，也是确保各国和人民生存与发展的根本需要。因此，那些有条件的国家都在实施低碳战略，那些没有条件或条件不够的国家也以低碳发展为目标和方向，努力创造条件逐步朝着这一目标前进。发达国家特别是主要发达经济体，尽管在减排问题上同发展中国家存在严重分歧，有的还不愿意承担应有的减排义务，但都基于自身现实和长远利益，凭着雄厚的技术和经济条件，大力开发低碳资源和技术，在发展低碳经济方面走在国际社会前面，为探索低碳经济的模式积累了宝贵的经验。

8.7 本章小结

在全球气候变暖形势日益严峻的大背景下，任何一个国家都需要承担起相应的责任和义务，共同应对人类面临的挑战。英国成为低碳经济的先行者，推出了《我们未来的能源——创建低碳经济》白皮书、《气候变化法案》等政府文件，启动了清洁化石燃料计划、氢战略框架等研究计划，已初步形成了以市场为基础、以政府为主导、以全体企业、公共部门和居民为主体的互动体系，从低碳技术研发推广、政策发挥建设到国民认知等诸多方面，都处在了世界领先位置。美国通过立法和投资，生产税收减免等对可持续能源开发和利用、低碳经济发展起到了积极的推动作用。欧盟在发展低碳经济方面一直走在前列，欧盟积极打造的"绿色低碳经济"，不仅提升了欧盟在环保领域的优势地位和竞争力，而且大大缓解了失业带来的巨大社会压力，保持了欧盟"发展模式"的生命力。日本通过新能源的开发，积极建设"低碳社会"。联合国也在努力为各国低碳技术交流、碳排放交易和政府首脑就碳排放问题交流搭建平台，以实现未来全面碳减排。

各国发展低碳经济，均是从技术和政策两个方面对发展低碳经济给予大力资助，从英国、美国、欧盟和日本等实行低碳经济的过程和经验来看，几乎都是政府先行，法令赋权，制度建立，资金注入，宣传铺垫，以此推动节能减排和促进产业发展。

第9章 基于低碳经济的环境保护路径选择

9.1 我国发展低碳经济的 SWOT 分析

在追求经济发展与环境保护双赢的过程中,经济发展不能以完全牺牲环境为代价,保护环境更不能以经济停滞为起点。在发展低碳经济方面,我国又有着独特的经济和社会条件。

9.1.1 SWOT 分析模型

SWOT 分析法又称为态势研究法,是市场研究分析常用的方法之一。SWOT 分析法是 20 世纪 80 年代初提出的战略分析框架,是企业战略管理的一个重要步骤。SWOT 四个英文字母分别代表优势(strength)、劣势(weakness)、机会(opportunity)、威胁(threat),在各种因素中,S、W 是内部因素,O、T 是外部因素。SWOT 分析方法将与研究对象密切相关的因素依照一定的次序按矩阵形式罗列出来,运用系统分析的思想,系统地匹配分析,进行综合评价,然后给出相应的发展战略。1985 年,美国管理学家迈克尔·波特提出基于 SWOT 分析的 4 种可供选择的战略(见表9-1),即 SO 战略、WO 战略、ST 战略、WT 战略,被广泛应用于各方面分析。

表 9-1　　　　　　　　　　SWOT 分析法

外部条件	优势（S）	劣势（W）
机遇（O）	SO 战略	WO 战略
威胁（T）	ST 战略	WT 战略

SWOT 分析法是分析经济活动战略地位的重要方法，作为战略管理和竞争情报的重要分析工具，其分析结果可为决策提供支持，它通过对区域经济活动进行全面分析，为制定提升经济活动竞争力的战略提供比较全面、系统的判断和清晰的思路。其简洁明晰使之从最初应用于企业的战略决策，逐渐延伸到各个不同领域层次的应用。目前，SWOT 分析法的应用范围很广泛，包括产业群体、城市管理、环境管理、国家战略等领域。

9.1.2 我国发展低碳经济的 SWOT 分析

9.1.2.1 我国发展低碳经济的内在优势（S）

（1）可再生能源丰富，新能源产业蓬勃发展。我国可再生能源资源丰富。水电方面，按照国家能源局规划，2010 年中国水电装机容量达到 2 亿千瓦，到 2020 年将达到 3 亿千瓦。根据 2003 年全国水力资源复查结果，全国水能资源技术可开发装机容量为 5.4 亿千瓦，年发电量 2.47 万亿千瓦时。我国水电勘测、设计、安装和设备制造方面均达到国际水平，已形成完备的产业体系。风电方面，2010 年风电预计装机容量将突破 4000 万千瓦，2020 年风电装机容量将达到 1 亿千瓦以上。我国单机容量 750 千瓦及以下风电设备已批量生产，正在研制兆瓦级（1000 千瓦）以上风力发电设备。太阳能方面，全国 2/3 的国土面积年日照小时数在 2200 小时以上，年太阳辐射总量大于每平方米 5000 兆焦，2010 年太阳能发电总容量达到 30 万千瓦，2020 年将达到 180 万千瓦。生物质能方面，我国现有生物质能源包括秸秆、薪柴、有机垃圾等，可产生能源总量相当于 7 亿吨标准煤。同时，我国已具备加快核电发展的条件，目前正在积极推进内陆核电项目，打造自主知识产权的核电品牌。

2005~2008年，我国新能源和可再生能源增长了近60%，在一次能源构成中的比重由7.1%上升到8.9%，具有大规模开发的资源条件和技术潜力。《国家中长期能源规划》提出，国家要大力投资和引导可再生能源发展，提高可再生能源比重，计划到2020年，可再生能源利用总量达到6亿吨标准煤。

(2) 政策和资金支持。2006年，科技部、中国气象局发改委、国家环保总局等六部委联合发布第一部《气候变化国家评估报告》；2007年6月，《中国应对气候变化国家方案》正式发布；2008年，"两会"上出现"低碳经济"的议题；2009年，中科院发布的《2009中国可持续发展战略报告》提出，到2020年，单位GDP的二氧化碳排放降低50%左右的目标；2010年3月，生态环保、可持续发展成为"两会"的主题，低碳经济从高端走向"草根"。

投资方面，据测算，"十一五"期间节能减排的附加投入约1.5万亿元，"十二五"要增大到1.9万亿~3.4万亿元，且依靠项目本身收益不能收回投资的资金投入，要由"十一五"期间的20%上升到40%。2010年5月13日，国务院出台《关于鼓励和引导民间投资健康发展的若干意见》，推动民间投资及非公有制经济发展。在相继遭遇山西煤改、海南炒房、迪拜雪崩重挫后，中国全面推进以低碳为核心的经济转型，全面发展战略性新兴产业成为千亿元浙资聚焦的热点。有专家预测，未来10年，将是战略性新兴产业蓬勃发展的10年，到2020年，战略性新兴产业占工业增加值比重有望达到20%以上。

9.1.2.2 我国发展低碳经济的内在劣势（W）

(1) 新能源产业产能膨胀，核心技术缺乏。近年来，我国风能、太阳能等新能源产生迅速发展，已经成为世界风电装机第二大国、太阳能电池生产第一大国，但在市场培育上仍然力度不足，核心的上网电价等政策体系安排滞后，以市场激励引导行业健康发展的机制没有形成，短暂的暴利行情催生了资本盲目性疯狂逐利，导致低水平重复建设、产能过剩，最终泡沫破灭，行业发展大起大落。当前，新能源产业尚未成熟，却已经反复出现"产能过剩"。过度盲目追求短暂的高利润造成基础研发领域资金投入不足，关键技术瓶颈始终未能有大的突破，导致新能源核心技术空心化，越来越依靠国外先进技术支持。特别是风电制造领域，利益驱使巨额资本投资进入，而核心技术和关键零部件几乎全部从国外引进。由于缺乏核心技术，我国组装一台风力发电机需要进口20%的核心部件。我国在新能源领域自主研发投入少，自主技术不成熟，将导致行业发展陷入"引进—落后—再引进"的怪圈中，再次沦为新能源产业制造方面的"世界工厂"。

（2）以高碳能源为主的能源结构使得减排压力较大。煤炭在我国一次能源消费结构中的比重一直居高不下。直到2000年以后，在国家能源结构不断调整中，天然气、水电、核电和风电比重才逐步上升，但仍旧处于缓慢增长时期（见表9-2和图9-1）。从1973~2008年，煤炭、天然气、石油的年均增长速度分别为5.3%、7.7%和5.7%，大大超出世界的平均增长速度。在我国能源结构中，高碳能源始终在我国能源消费中占据主流，对我国实行低碳经济提出了很大的挑战。

表9-2　　　　　　　　　　　我国能源消费构成

年份	煤炭	石油	天然气	水电、核电、风电
1978	70.7	22.7	3.2	3.4
1980	72.2	20.7	3.1	4
1990	76.2	16.6	2.1	5.1
1995	74.6	17.5	1.8	6.1
2000	67.8	23.2	2.4	6.7
2005	69.1	21	2.8	7.1
2007	69.5	19.7	3.5	7.3
2008	68.7	18.7	3.8	8.9

资料来源：《国家统计年鉴（2009）》。

比例（%）

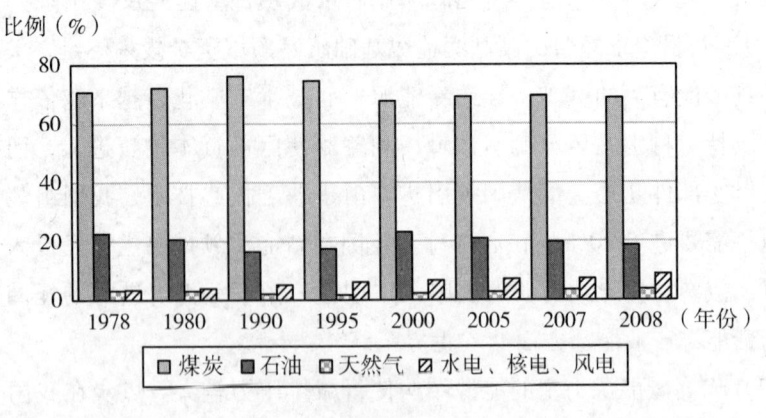

[图表：我国能源消费构成，横轴为1978、1980、1990、1995、2000、2005、2007、2008年份，纵轴为比例（%），图例为煤炭、石油、天然气、水电、核电、风电]

图9-1 我国能源消费构成

9.1.2.3 我国发展低碳经济的机遇（O）

（1）创造市场，促进就业。我国建设低碳经济社会能够带来新的经济增长点，创造新的就业机会，促进自主创新能力的提高，并促进国内能源、环保目标的实现。应对气候变化的行动将带来可观的商业机会，低碳能源技术和其他低碳商品和服务将形成新的市场，每年价值数千亿美元。2004年成立的欧洲气候交易所已成为全球最大的碳交易所，日成交量最高达5300万吨、10亿美元。各类与碳交易、碳计算相关的企业机构也应运而生，商机巨大，这些行业的就业机会也相应扩大。据罗兰·贝格咨询公司（Roland - Berger Strategy Consultants）介绍，到2020年，全球环境产品与服务市场预计将在目前每年1.37万亿美元的基础上翻番，达到2.74万亿美元。仅仅在欧洲和美国，在建筑物节能方面增加的投资就将新增200万~350万个绿色工作机会。在我国，绿色工作的潜力更大。

（2）发挥后发优势，提升国际竞争力。通过发展低碳经济，还有助于我国发挥后发优势，走跨越式发展道路，提高未来国际竞争力，改变目前在国际上处于产业链低端的不利地位。发展低碳经济、降低产品中的碳排放，会成为一国新的比较优势，而高耗能、高碳排放的产业，则会受到新的国际贸易规则的制约。这会进一步对国际经济格局和一国的长期竞争力产生深刻影响。

不少国家政府把低碳作为新的增长点，我国工业也应抓住低碳经济的发展机遇，处理好发展权利和减排责任之间的关系，实现从新经济增长点到战略性新兴产业的转变。低碳经济本身具有公共属性，与基础性建设和垄断行业密切关系，可以用低碳的理念推动制造业、服务业等行业企业的升级改造，这是重大的机会。我国需要发展一条低碳的经济发展道路，不能只考虑碳减排和环境改善，忽视经济发展，但传统的 GDP 导向经济发展观也不足行。我国同时需要开发低碳道路的模式，碳减排和经济发展二者兼顾，一个也不能丢。

（3）有利于引进技术和资金。世界各国积极开展新能源的开发和技术的进步，为我国引进减排技术提供了可能性。为降低履约成本，发达国家利用《京都议定书》规定的清洁发展机制（CDM）到我国实施减排项目。我国被认为拥有很多有利条件实施 CDM 项目，如技术能力强、国家风险低、比较容易获取项目投资等。欧洲商务部推测，中国清洁能源市场规模到 2020 年将达 5550 亿美元，是全球最大清洁能源市场。对于我国来说，抓住当前的有利时机，通过与发达国家合作，获得减少温室气体排放的技术与资金支持，能够为实现经济和社会可持续发展提供坚实的基础。

9.1.2.4 我国发展低碳经济的威胁（T）

（1）低碳企业盈利前景堪忧，招致金融风险。作为新兴产业，新能源产业是资金密集型和技术型产业，更加依赖于政府政策扶持和资金投入。由于国家政策引导和丰厚的市场回报，当前各路资本蜂拥而入，盲目投资和恶性竞争层出不穷，所投资本偿债能力不足，致使新能源产业发展方向和市场秩序受到严重干扰。据麦肯锡咨询公司统计，平均每个可再生能源技术企业的创业资金约需 1400 万美元，中期投资在 1 亿～2 亿美元，并且需要更大规模的新能源基本建设与之配套。在国内新能源产业的巨额投资中，有相当部分来自于银行信贷，资金链相对脆弱。由于多数项目没有核心技术，缺乏核心竞争力，在市场需求增长较快时还能靠加工制造成本低占领市场，而金融危机后行业泡沫破灭，不少项目盈利前景堪忧，到时不仅无力付息，可能连还本都是问题。

（2）节能减排压力巨大。我国以高能耗为特征的粗放式经济发展模式，很难在短时间内实现低碳发展。而在我国减排目标——到 2020 年单位国内生产总值二氧化碳排放比 2005 年下降 40%～45% 压力下，各地方政府开始了"中国式的节能减排"——拉闸限电、限产。限电限产，无疑是最快速、最有效完成节能减排目标的举措。然而，企业界对这种强制性色彩浓重的节能减排方式多持否定看法。作为今后需要长期面对的一项任务，我国更需要的是寻找出一条转变增长方式、实现节能减排的合理路径。

（3）国际合作困难。由于各国的政治形势不同，国家利益不同，还有科学和经济利益上的不确定性等原因，《京都议定书》等国际公约规定的低碳经济发展国际合作困难重重。发达国家与发展中国家之间承担的减排义务、各国减排目标、发展中国家减排的透明性与核查方法等问题存在很大争议。在节能减排的背后，是各国经济和政治利益的博弈。发达国家在抢占低碳经济控制权的同时，要求发展中国家承担超乎本国经济发展能力之外的减排责任。如何找到各国的利益平衡点，寻求国际的友好合作是我们亟待解决的问题。

9.2　环境保护的制度演变

诺思（1990）认为，制度通过提供一系列的规则来界定人们的选择空间，约束人们之间的相互关系，这一系列规则由社会认可的非正式约束、国家规定的正式约束及其实施机制所组成。当出现一种新的经济社会现象，必然对现有的制度均衡产生冲击，进而调整不同社会群体之间的利益关系，从而诱发制度变迁。由于人的有限理性，制度变迁过程最大可能是从一个制度安排开始，并只能是渐渐地传到其他制度安排上去。制度变迁过程中，通常会出现变迁中的路径依赖，大多数制度安排都可以从以前的制度结构中继承下来，整个变迁过程类似一种进化过程。在进行制度创新时，必须注重对非正式制度的培育。因此，政府在颁布正式制度之前，要先制定相关引导政策，促进非正式制度的形成。制度变迁时，会进行自动强制变迁，新老信念和制度都在不停地变化，最终在未来变迁方向上调和一致，进而形成正式制度。

在世界大多数地方，影响规模较大的环境政策是政府管制手段。通过管制可以把污染或资源开采总量限制在可以接受的范围内，能够快速有效取得期望的规模。实践证明，采取应急性的命令控制手段，特别是从法律上规定一些具有法律强制性的行政命令手段，能够较快改善环境质量。管制的缺点是通常不符合有效配置的标准，忽视经济成本和效益的计算，命令控制手段可能造成高额成本和不经济的低效率状况。并且，一旦达到管制目标，就不再有进一步减少污染以及开发新的减排技术的动力。20世纪80年代以来，经济手段在环境保护领域里的应用得到越来越多的国家的重视，在世界范围内，经济手段被广泛地使用，它通过经济刺激的方式引导人们改变其行为。经济手段投资少、效益高、与市场联系紧密，能够更好地发挥市场在经济发展中的资源配置的作用。从全球范围看，经济手段在环境资源法中的运用越来越广，许多国家通过法律规定环境经济政策和经济手段取得了成功。经合组织理事会建议成员国更加广泛、坚定地采用收费、收税、可交易的许可证、押金制度和财政补贴等4类经济手段作为其他政策手段的补充或替代。

市场机制固有的缺陷会导致"市场失灵"，政府干预同样也会出现"政府失灵"，市场与政府间的选择是在不完善的程度和类型之间、在缺陷的程度和类型之间的选择，在"次优"中选择。政府的主要作用是保证市场机制的正常运作，利用行政、制度（如政策、法律、法规等）和经济手段加以配合。政府是市场经济的一个基础，科斯在1959年清楚地界定产权是所有市场交易活动的开始，而产权由政府界定，即政府是市场交易中的一部分。

相比市场机制，政府机制通常目标明确，主要采取行政手段，具有强制力和威慑力，激励较少，重在约束，制度的制定成本较低，但执行和维护成本较高，并且由于是被动执行，政策的经济效率较低。市场机制较为灵活，通常是自愿主动实施，在一定的约束规则下自动选择利益最大化的行动集合，对信息需求量较大，主要以经济利益或其他方面收益为动力来推动技术创新和社会进步。由于需要大量信息，市场机制规则制定成本较高，但一旦开始运行，其执行和维护成本较低，经济效率较政府机制高。政府和市场对资源配置作用见图9-2。

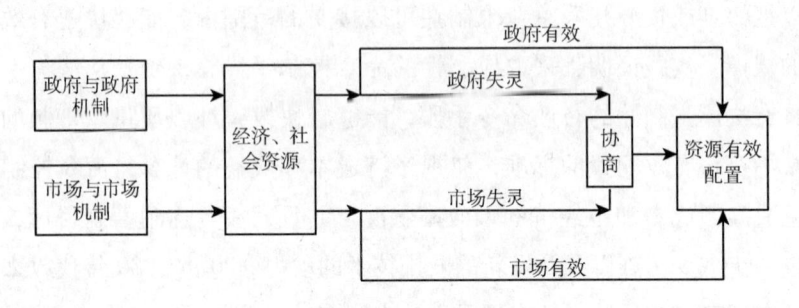

图9-2 政府和市场对资源配置作用

因此，在经济社会制度设计中，由单纯的政府管制或市场自由调节逐渐过渡到政府与市场共同"协商"解决环境问题，并尽可能依靠经济手段培育非正式制度，进而实现正式制度的确立。

9.3 碳源和碳汇管理

9.3.1 碳源

《联合国气候变化框架公约》（UNFCCC）定义碳源为向大气中释放二氧化碳的过程、活动或机制，具体是指自然界中向大气释放碳的母体。人类的各种生产和社会活动，都会释放或产生温室气体。作为排放源，首先是工业部门，尤其是能源工业，之后是人类的日常生活。农业也是一个较大的排放源，耕地、牧场和森林开垦都会排放温室气体。

减少碳源，要从各方入手，用科技和政策手段，在能力许可范围内全力减少温室气体排放。提高能源利用效率,建立多元化的能源系统,开发可再生能源,减少对传统化石燃料的依赖。控制人口增长,降低人类社会对资源的消耗。温室气体排放与人口增长存在如下关系:

$$CO_2 产生总量 = \frac{CO_2}{技术} \times \frac{技术}{资本} \times 人口 \qquad (9.1)$$

二氧化碳产生量与人口规模和技术限制有关,技术改造可以限制二氧化碳的产生源,并改变二氧化碳的流动,但这些变化必定取决于技术分布程度和世界的人口规模。

9.3.2 碳汇

碳汇与碳源是两个相对的概念,《联合国气候变化框架公约》(UNFCCC)将碳汇定义为从大气中清除二氧化碳的过程、活动或机制,具体就是吸收二氧化碳的生物、化学等介质。陆地生态系统中,对于气候和环境变化起重要作用的介质是植被,主要通过生态过程参与到变化过程中。森林是陆地生态系统中最大的碳库,是二氧化碳的吸收器、贮存库和缓冲器。据测算,树木每生长一立方蓄积,约吸收1.83吨二氧化碳,释放1.62吨氧气。每营造15亩人工林,可吸收三口之家一年产生的二氧化碳;每营造11亩人工林,可吸收一辆普通轿车一年产生的二氧化碳。绿色植物进行光合作用时,能吸收二氧化碳,释放出氧气,对大气中氧气和二氧化碳的平衡起着极为重要的作用。

$$二氧化碳 + 水 \xrightarrow{光能 + 叶绿体} 有机物 + 氧气 \qquad (9.2)$$

森林能够吸入二氧化碳并储存,成为天然的碳储存库。加强森林可持续经营和植被恢复及保护,开展造林、再造林碳汇项目,增强森林碳汇能力,加强和促进退耕还林还草的生态补偿工程,保护湿地、原始森林等生态资源,加强绿地、绿色植物、海洋浮游植物的培育等将对二氧化碳的吸引也起到重要的推动作用。

9.4 政策和法律环境

从发达国家低碳经济发展经验来看，低碳经济作为一个国家新的战略安排，必须通过各种政策和法律法规才能得以确立。政府制定政策、法律，完善配套措施，通过政策和法律环境的建设应该包括："命令—控制"的协调机制，自上而下引导低碳经济发展。

建立有利于低碳经济发展的政策法律体系和市场环境，加快相应的政策制定和立法工作，强化政府对低碳发展的干预力度和统筹能力，明确低碳发展道路的中长期目标，制定低碳发展规划，通过政策和法律力量培育低碳生产方式和生活方式。目前，我国在有关低碳经济的开发利用领域已经制定了《煤炭法》《可再生能源法》《清洁生产促进法》《循环经济促进法》等法律，制定并实施了减缓气候变化的《节能中长期规划》《核电中长期发展规划》《中国应对气候变化科技专项行动》《中国应对气候变化的政策行动》等规划与政策。但我国在促进低碳经济发展的政策法律体系建设方面仍处于薄弱的状态。

政府要把低碳理念和低碳经济融入"十二五"规划各个方面和环节，尽快出台低碳经济发展纲领性文件，分区域、分行业制定具体的行动方案，加快研究制定"一揽子"政策、法规、标准和管理办法，完善低碳经济发展的法律制度环境。从经济、产业、财税、科技等政策方面支持低碳经济发展，加强不同政策之间的协调与配合，形成促进低碳经济发展的良好政策和法律环境。重视市场机制在促进低碳经济发展中的作用，根据市场经济规律，运用价格、信贷、保险等经济手段对市场主体进行调节，配合财税政策，建立激励机制，进一步完善低碳发展的市场机制，鼓励企业走低碳发展之路。

遵循法治原则，出台一系列强制性法律、法规和政策，运用强制性与激励性互为补充的政策手段，力争从各个方面推进并不断完善新能源的开发与利用。制定法律法规，严格限制碳排放高、污染较重的高碳产业发展。对高耗能产品设定强制性的节能标准，提高交通运输工具的能源利用效率和尾气排放标准，严格限制不符合环保标准的产品进入市场，加强包括《可再生能源法》在内的各种法律法规的实施，通过政府对新能源产业的引导，发挥市场对资源的基础性配置作用，加快建立有利于低碳经济发展的市场环境。完善"配额制"和"固定电价"等相关政策制度，以求改善可再生能源的利用状况，加强可再生能源的供应。

对于市场的盲目性，政府更要进行政策引导和规范，特别是纠正光伏发电和风力发电项目上的过热。目前，国内低碳发展、低碳城市、低碳建筑等多方面建设与发展还停留在概念阶段，更多是商业化和利益炒作。低碳并不是一场运动，而是社会责任的体现，以及对环境关爱的意识。因此，政府更应该通过政策细化，推出操作性强的规范措施，制定法律规范低碳经济发展，引导社会全面了解低碳、实践低碳，切实把低碳环保落实到位。

9.5 低碳技术发展

技术创新是应对气候变化和推行低碳经济的关键，在任何领域采取的所有能够获得低碳经济的技术手段，都属低碳技术范畴。具体而言，可从减碳、去碳、无碳三个层面来认识低碳技术。减碳技术侧重节能减排，应用于电力、化工、交通等高能耗、高排放领域。去碳技术包含碳捕获，封存技术与温室气体的资源化利用技术等。无碳技术为可再生能源技术，如核能、太阳能等。

根据中国环境与发展国际合作委员会2009年政策报告《中国发展低碳经济途径研究》，我国低碳技术创新和应用时间规划分三个阶段：分批、逐步实现低碳技术应用和商业化（见表9-3）。

表9-3　　　　　　　　低碳技术创新和应用路线图

类型	阶段一（"十二五"）	阶段二（2010~2030年）	阶段三（2030~2050年）
大规模应用	目前成熟先进的能效技术、节能建筑、太阳能热利用、热电联产、热泵、超临界锅炉、二代核电、混合动力汽车	三代核电、风电、太阳能光伏发电、电动汽车、IGCC	四代核电、CCS、太阳能发电、二代生物燃料

续表

类型	阶段一（"十二五"）	阶段二（2010~2030年）	阶段三（2030~2050年）
研究开发和促进商业化	三代核电、风电、电动汽车、整体煤气化联合循环发电系统（Integrated Gasification Combined Cycle, IGCC）、太阳能光伏发电	四代核电、CCS、二代生物燃料	核聚变、三代生物燃料、先进材料
基础研究	四代核电、碳捕获与封存技术（Carbon Capture and Storage, CCS）、太阳能热发电、二代生物燃料、先进材料	核聚变、三代生物燃料、先进材料	

我国在低碳技术自主创新方面，要培养科研人才，建设一批节能低碳工程技术重点学科、工程中心和重点实验室，进行低碳技术的理论研究，为低碳经济的发展提供强有力的人才和技术支撑。强化低碳技术标准、信息、数据、咨询、产品认证、技术培训等体系建设。由于低碳技术的广阔市场前景，可利用市场的驱动力量来刺激研究活动的开展，分摊研究成本。积极引进国外先进能效技术，进行消化吸收和创新，着手安排部署新一代低碳技术的研究开发和示范运营。

9.6 低碳环保的公众参与

现代人应对全球变暖的措施之一为碳中和，即碳补偿。个人计算其每日制造的二氧化碳排放量并抵消它所产生的费用，然后付款给专门企业或部门，由这些专门机构通过一些吸收二氧化碳的环保项目如植树来抵消自身排放的二氧化碳量。2006年，《新牛津美国字典》将"碳中和"评为当年年度词汇，见证了日益盛行的环保文化对公众生活的影响。

公众参与意识的增强与落后的民主参与制度之间存在一定矛盾，突出表现在政府忽视公众参与的重要性和参与制度的不完善。应当从自上而下的命令管制向自下而上的草根管理转变，政府与公众之间建立信任，进行信息交换和决策配合。

9.6.1 公众参与模式

公众参与可使决策更容易被接受和受到支持。如果利益相关者（stakeholder）没有参与者到决策中来，那么决策将会很有争议而使政策失效。地域性团体由于其非政府和非营利性质，加上隶属本地的特点，在避免行政措施这种容易引起争端的情况后，可以大量吸引公众参与。公众参与生态环境保护可通过政府职能部门、媒体、非营利组织（NGO）、学术会议等渠道。当公众参与到决策制定和实际操作中时，作为自身周围环境的创造者和管理者而不单单是一个志愿者时，他们的参与热情会被大大激发出来。但由于缺乏制度供给，他们不愿意更深层次地参与进去，参与性并不持久。把自上而下和自下而上两种方法融合起来，更有效地进行决策，实实在在地参与决策会影响他们的参与态度（见图9-3）。

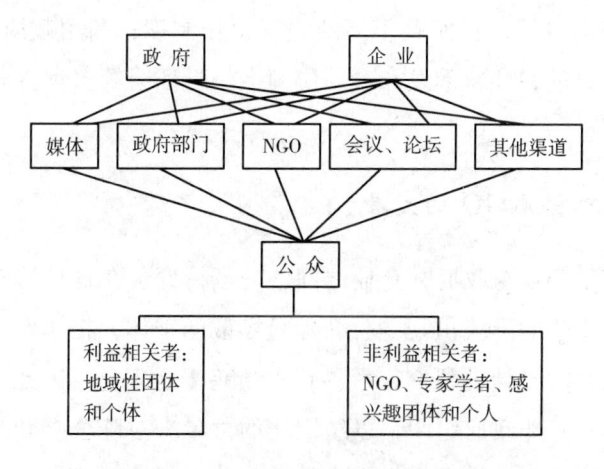

图9-3 低碳环保中公众参与模式

9.6.2 信息公开设计

斯蒂格利茨（1979）认为，政府信息不公开不透明会削弱公众的参与能力。个人基于公共利益愿意投入的时间和精力是有限的,保密增加了信息成本,这使许多公民在自身没有特殊利益的情况下,不再积极参与。因此,要改变政府、企业、公众相互之间信息不透明和不对称的状况,就需要实施信息透明和信息共享,提高决策的有效性(见图9-4)。

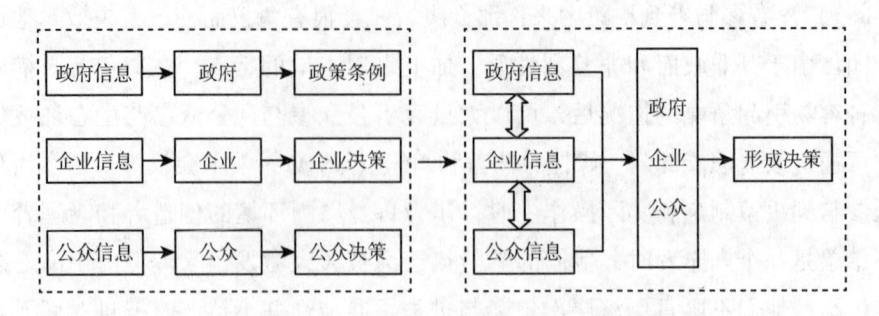

图9-4 从信息不对称决策到信息公开决策

在信息公开过程中,尽可能避免晦涩难懂的名词术语,尽可能采用日常生活贴近的表达方式,在实践中不断完善工作制度,利用政府网站、电视、报纸等媒体,通过召开新闻发布会、协商会、听证会等多种方式,积极主动地公开环境信息。

9.6.3 环保NGO的发展

公众参与是公众与政府、企业之间的一场博弈。在这场博弈中,政府和企业都是以组织化的形式出现,公众却是零散的个体,在博弈中双方力量并不均衡。依照哈贝马斯的研究,世界在不断趋于合理化,因此,公众开始组建自己的组织——非政府组织,以组织化的力量来对阵公众和政府。社会未来的发展,公民参与本由政府做的事情,一些原来由政府做的事情可以交非政府组织做,只要管理组织得当,效率会更好。

政府要为NGO的发展造就良好的法律、政策氛围,社会也应有更多的包容和理解,促进本土NGO的健康、快速发展。NGO要发挥研究机构的导向作用,加强与专家和其他环保民间组织合作,促进媒体、公众及政府之间的沟通和互动,对环保活动联合行动。环保 NGO 倡导的 26 摄氏度空调节能行动由民间行为上升为国家规定,充分显示了联合行动的强大力量。

公众参与是一个政府与公众互动的全过程。公众与政府之间的关系正如所有合作关系一样,争论是不可避免的,如何在争论中趋同是极其重要的。NGO 的发展为公众参与提供了自下而上组织途径,政府原先包揽的一些社会职能要还给社会,让公众参与来管理社会。随着社会、经济、文化的发展,公众参与环境管理必然更加深入、更加有效。

9.7 国际合作

发达国家大力倡导发展低碳经济,取得了显著的经济成果,对本国资源节约和环境保护起到了良好的示范作用,同时,在低碳经济发展,低碳技术创新、产业结构转型等方面也积累了丰富且有成效的经验,我国政府在政策框架的制定和实施过程中,应积极借鉴和学习发达国家的经验。

在 2009 年奥巴马访华期间,中美双方签订了 11 项合作文件和协议,并成立了中美清洁能源联合研究中心,两国在清洁能源领域开展了更加深入的合作交流。2010 年中国北方最大的国家级开发区——天津经济技术开发区,提出要在中国打造低碳经济国际合作示范区,并定位成为中国参与国际低碳经济发展的交流和展示窗口,并向全国乃至世界输出低碳技术、产品、服务和管理模式。

政府未来可能就加强对节能、提高能效、洁净煤、可再生能源、先进核能、碳捕集利用与封存等低碳和零碳技术的研发和产业化投入等,这些方面面临的部分新能源技术瓶颈有望通过国际合作得到缓解。一方面推进《联合国气候变化公约》框架下的技术转让机制,如 CDM 合作机制中的技术转让等,争取以优惠方式转让技术;另一方面,要加强国际科学技术合作,有效利用发达国家的先进技术和资金,通过项目合作或学术交流进行技术转让,发展拥有自主知识产权的可再生能源和能效技术,推动相关技术的商业化。

9.8 本章小结

在制度变迁过程中，通常会出现变迁中的路径依赖，大多数制度安排都可以从以前的制度结构中继承下来，整个变迁过程类似一种进化过程。在进行制度创新时，必须注重对非正式制度的培育。因此，政府在颁布正式制度之前，要先制定相关引导政策，促进非正式制度的形成，一旦制度开始变迁，它们会以一种自动强制实施的方式发生变迁。

当经济手段愈来愈被广泛使用，市场在环境保护方面显示了巨大的魅力。政府拥有的巨大资源优势和公信力则决定了低碳型环境保护应该是由政府主导、企业跟进、社会配合的发展路径。通过法律法规的健全，使低碳经济发展和环境保护更有法律依据，不断引导和规范低碳型环境保护。碳源和碳汇的有效管理，能有效降低二氧化碳的排放；低碳技术的进步，更能推动低碳经济的进步；社会公众的广泛参与能形成立体的低碳环保网络；国际社会合作则突破了低碳型环保的地域限制，为人类社会共同建设低碳社会提供了可能性。

第10章 结论与展望

10.1 全书总结

作为一种崭新的经济发展模式，低碳经济是近几年提出可持续发展的经济形态，低碳经济的内涵是优化能源结构，提高能源效率，实质是技术创新和制度创新。世界各国特别是发达国家从经济发展与环境保护的协调性出发，对低碳经济发展表现出很大的决心和信心。本书从低碳经济发展出发，基于生态承载力理论、资源、环境、经济系统理论和环境库兹涅茨曲线新等相关理论和研究，分析低碳经济发展过程中环境保护的评价和所应采取的方式方法。

本书首先建立了以二氧化碳为主的温室气体作用的 PSR 模型，将温室气体对经济、环境和社会的影响机理进行了分析。在对我国低碳经济发展协调分析后，得出可以实现经济发展与能源消费和二氧化碳排放的脱钩。再运用灰色关联理论实证分析我国二氧化碳排放的影响因子，结合当前理论研究，初步构建低碳型环境保护的指标评价模型和低碳城市指标评价模型。最后，通过我国实行低碳经济发展 SWOT 分析，提出我国发展低碳经济的战略选择和低碳型环境保护的策略路径。具体有以下几点：

第一，以二氧化碳为主的温室气体排放引起的温室效应已经影响到了人类社会的经济生活，极端性气候频繁发生。二氧化碳排放量的急剧增加，不断挑战生态承载力阈值，已经给人类社会造成了巨大的经济和生态损失。发展低碳经济，实行环境保护已成为人类社会可持续发展的重要途径。

第二，通过对 1985~2008 年的时间序列分析，理论上可以实现经济增长与能源消费增加的脱钩，进而实现经济增长和二氧化碳排放的脱钩，实现温室气体排放的降低。

第三，通过梳理关于影响二氧化碳排放的 Kaya 公式了解到，人口、人均 GDP、单位 GDP 的能源用量和单位能源用量的碳排放量是碳排放量的四个推动因素。在此基础上，经关联度比较得出：能源消费对二氧化碳排放影响最大，其次是 GDP，然后是人口数量、固定资产投资和居民消费水平。

第四，根据科学性、系统性、可行性、稳定与动态性和政策性原则，构建了低碳型环境保护的指标评价模型。从经济、科技、社会、环境和政策等方面反映地区低碳型环境保护程度，可以对不同时间和不同地方的低碳型环境保护程度进行评估，可以进行横向和纵向对比，使环境保护与低碳经济结合起来，实现经济发展与环境保护的和谐。实证数据显示，我国低碳型环境保护综合评价指数连年递增，说明我国在发展低碳型环境保护方面正在快速发展。

第五，在第六章低碳型环境保护指标评价的基础上，结合城市发展特点，建立了低碳城市指标评价模型。在我国的低碳城市建设中，应采取源头低碳化、过程低碳化和末端低碳化一体的城市低碳化运行机制。从城市能源供应、交通运输、房屋建设和居民生活消费习惯等方面打造城市低碳产业体系，实现各个环节碳的低排放。

第六，作为国民经济发展的第一产业，农业是温室气体的第二大重要来源。低碳农业的发展对我们实现降碳减碳具有重要意义。结合第六章、第七章的评价模型和方法，构建了低碳农业评价方法。

第七，在分析了我国发展低碳经济的优势、劣势、威胁和机遇后，提出了拥有的巨大资源优势和公信力的政府主导、企业跟进、社会配合的低碳型环境保护发展路径。通过健全法律法规，使低碳经济发展和环境保护更有法律依据，引导和规范低碳型环境保护。碳源和碳汇的有效管理，能有效降低二氧化碳的排放，低碳技术的进步，更能推动低碳经济的进步。社会公众的广泛参与能形成立体的低碳环保网络。国际社会合作则突破了低碳型环保的地域限制，为人类社会共同建设低碳社会提供可能性。

10.2 创新点和研究不足

本书从我国低碳经济发展现实情况出发，对环境保护尤其是二氧化碳等温室气体排放进行研究，以实现经济发展和环境保护双赢。为对低碳经济发展中的环境保护进行有效评估，构建了低碳型环境保护指标评价模型，并对我国发展低碳经济和环境保护提出部分政策性建议。

本书的主要创新点如下：

第一，题目为低碳经济范式下的环境保护评价指标体系研究，对低碳经济的研究本身就是新的领域，在低碳经济中研究环境保护，拓宽了环境保护的研究范围。环境保护不能脱离经济发展而存在，而是要和经济发展融为一体，在经济发展中实现环境保护。在当前国际国内对低碳经济研究和试验正值热点之际，从我国经济发展现实出发，使环境保护和低碳经济发展紧密结合起来。在经济发展整个过程中实现以二氧化碳为主的温室气体排放的降低，真正实现经济发展与环境保护的有效结合。

第二，利用时间序列理论分析经济增长与能源消费增加的脱钩和经济增长与二氧化碳排放的脱钩。通过对 1985~2008 年的时间序列分析，对国内生产总值 GDP、能源消费和二氧化碳排放量分别进行格兰杰因果检验，得出 GDP 是引起能源消费增加的原因，而能源消费增加却不是 GDP 的原因，能源消费的增加是二氧化碳增加的原因。从理论上分析可以实现经济增长与能源消费增加的脱钩，进而实现经济增长和二氧化碳排放的脱钩。在对经济增长和二氧化碳排放量脱钩的实证研究方法上是一个创新。

第三，构建了低碳经济的环境保护指标评价。基于低碳经济发展对能源、资源和环境的要求，建立了一套基于低碳经济和环境保护的指标评价。低碳型环境保护指标评价从经济、科技、社会、环境和政策几个方面反映地区低碳型环境保护程度，可以对不同时间和不同区域的低碳型环境保护进行横向和纵向对比评估，促进不同区域之间经验的相互借鉴和共享，使环境保护与低碳经济结合起来，实现经济发展与环境保护的和谐。

第四，构建了低碳城市评价和低碳农业理论评价。在环境保护指标评价的基础上，结合城市发展特点，建立了低碳城市指标评价，对国内城市的低碳发展水平进行分析评价和比较。结合农业的复杂性，设计了多维度的低碳农业评价模型，以指导农业的低碳发展。

第五，坚持理论和实际相结合原则，进行跨学科理论综合研究，结合环境经济学、企业管理、坏境工程、金融学等多学科理论，以低碳经济发展为主线，参考各学科相关层面进行研究。利用灰色关联度定量地分析了我国经济发展和二氧化碳排放之间的影响因子，并指出各因子对我国二氧化碳排放的关联度，提出了我国发展低碳经济的重点关注领域。

研究不足：

受制于主观上的能力及客观上的资料约束，本书在构建的低碳型环境保护指标评价和低碳城市评价时，在设置评价指标和分配各指标权重方面，一些有效统计指标比如温室气体捕获与封存比例、煤炭高效清洁利用率、单位化石能源的碳排放量等无法列入评价体系，这些都会对评价的有效性产生影响。在农业评价模型构建方面，由于数据的不可得性和难测度性，无法进行实证确定，也成为评价模型的一大缺憾。

另外，本书主要从低碳经济发展方面分析了经济增长对环境，特别是大气环境的影响，没有从需求的角度分析经济增长对环境的影响，如消费需求的变化如何影响环境质量、公众参与意识对环境的影响如何等。低碳经济的研究时间较短，本书研究的广度和深度欠缺，研究所需的数据无法一一获取，而国内外的部分数据和资料并不能完全展现中国的情况，影响了研究的准确性，不能以全局的眼光从纵向、横向分析其发展规律。

10.3 研究展望

本书通过从低碳经济发展的角度来研究环境保护，随着研究的不断深入，越来越认识到低碳经济发展和环境保护方面需要更深入细致的研究，在未来一段时间里，以下几方面值得进一步研究：

第一，低碳经济作为一种新的经济发展模式，环境保护则是人类社会可持续发展的核心渠道之一。社会在进步，经济要发展，如何使环境保护与低碳经济发展更有效结合起来，实现在经济发展中完成环境保护，在环境保护中发展经济，运用市场、行政、社会的力量共同打造低碳环保产业，进而形成低碳环保产业集群，是未来一段时间研究的重点。

第二，企业在进行低碳转型时政府政策的作用如何，国家层面并未对低碳经济出台有相关政策措施，政府政策的执行效力也无法把握，无法进行有效政策模拟。在政府和企业之间用动态博弈论对达成各自目标进行博弈分析，有助于制定更好的政策与对策，这也将成为以后的研究重点。

第三，当石油、天然气和煤炭等传统能源供应日趋紧张时，可再生清洁能源的开发日益被提上日程。从理论上讲，太阳能可以解决我们需要能源的 1/3 以上甚至一半。国内风能、太阳能、水能等新清洁能源储量丰富，这类可再生能源的开发利用是解决未来能源危机的可靠途径，对这类能源的研究也必然成为热点。

第四，"低碳经济"是以低能耗低污染为基础的经济。发展低碳经济，离不开低碳技术的支撑，在涉及电力、交通、建筑、冶金等部门以及在可再生能源及新能源、煤的清洁高效利用、二氧化碳捕获与埋存等领域开发的有效控制温室气体排放的低碳技术，在未来低碳经济发展中将占据重要地位。对低碳技术应用及市场化的研究，能有效降低能源、资源的消耗，减少二氧化碳排放。

第五，低碳城市是以低碳经济为发展模式及方向、市民以低碳生活为理念和行为特征、政府公务管理层以低碳社会为建设标本和蓝图的城市。中国目前在不断加快的城市化步伐，对低碳城市建设提出了很高的要求，对低碳城市的研究和评估对现在和未来一段时间都有实际意义。

第六，在低碳型环保评价指标上，由于水平有限，在指标选取和模型选择上难免会有疏漏和不足，随着研究的深入，低碳型环保评价指标还需要进一步完善和充实。

第七，低碳经济作为一种新的经济发展模式，环境保护是人类实现可持续发展必经之路，但并未有明确的指标体系来衡量，国内很多地方盲目提出建立低碳经济示范区，打造低碳产生等口号，更多表现出一种急功近利心态，如何使低碳经济发展、低碳城市建设等成为国家、地区经济发展形态落实下来，是以后重要的研究方向。

参 考 文 献

[1] 邢继俊,赵刚. 中国要大力发展低碳经济 [J]. 中国科技论坛,2007,(10): 87-92.

[2] IPCC. Climate Change 2007. The Science of Climate Change, Summary for Policymakers, 2007.

[3] IEA. Did you know? http://www.iea.org/journalists/fastfacts.asp.

[4] Johnston D, Lowe R, Bell M. An Exploration of the Technical Feasibility of Achieving CO_2 Emission Reductions in Excess of 60% Within the UK Housing Stock by the Year. ENErgy Policy, 2005 (33): 1643-1659.

[5] Stern N. The Economics of Climate Change: The Stern Review. Cambridge: Cambridge University Press, 2006. 335-402.

[6] Treffers D J, Faaij A P C, Spakman J, et al. Exploring the Possibilities for Setting up Sustainable ENErgy Systems for the Long Term: Two Visions for the Dutch ENErgy System in 2050. ENErgy Policy, 2005 (33): 1723-1743.

[7] Kawase R, Matsuoka Y, Fujino J. Decomposition Analysis of CO_2 Emission in Long-term Climate Stabilization Scenarios. ENErgy Policy, 2006 (34): 2113-2122.

[8] Koji Shimada, Yoshitaka Tanaka, Kei Gomi, et al. Developing a Long-term Local Society Design Methodology Towards a Low-carbon Economy: An Application to Shiga Prefecture in Japan. ENErgy Policy, 2007 (35): 4688-4703.

[9] 顾朝林,谭纵波,刘宛,等. 气候变化、碳排放与低碳城市规划研

究进展 [J]. 城市规划学刊, 2009 (3): 38-45.

[10] 靳志勇. 英国实行低碳经济能源政策 [J]. 全球科技经济瞭望, 2003 (10): 23-27.

[11] 王冰妍, 陈长虹, 黄成, 等. 低碳发展下的大气污染物和 CO_2 排放情景分析——上海案例研究 [J]. 能源研究与信息, 2004 (3): 137-145.

[12] 庄贵阳, 张伟. 中国城市化: 走好基础设施建设低碳排放之路 [J]. 环境经济, 2004 (5): 39-43.

[13] 刘兰翠, 范英, 吴刚, 等. 温室气体减排政策问题研究综述 [J]. 管理评论, 2005 (10): 46-54.

[14] 张秋明. 英国政府的公路运输生物燃料战略 [J]. 国土资源情报, 2005 (9): 11-15.

[15] 安培浚, 高峰, 侯春梅. 美国气候变化技术计划 (CCTP) 新战略规划及其对我国的启示阴 [J]. 世界科技研究与发展, 2006 (6): 95-100.

[16] 庄贵阳. 气候变化背景下的中国低碳经济发展之路 [J]. 绿叶, 2007 (8): 10.

[17] 潘家华. 减缓气候变化的经济与政治影响及其地区差异 [J]. 世界经济与政治, 2003 (6): 66-71, 80.

[18] 任小波, 曲建升, 张志强. 气候变化及其适应与减缓行动的经济学评估——国斯特恩报告关键内容解析 [J]. 地球科学进展, 2007 (7): 754-759.

[19] 付允, 马永欢, 刘怡君, 等. 低碳经济的发展模式研究 [J]. 中国人口·资源环境, 2008, 18 (3): 14-19.

[20] 刘传江, 冯碧梅. 低碳经济与武汉城市圈两型社会建设 [J]. 学习与实践, 2009 (1): 49-55.

[21] 康蓉, 杨海真, 王峰, 等. 崇明发展低碳经济产业的研究 [J]. 四川环境, 2009, 28 (3): 120-123.

[22] 鲍健强, 苗阳, 陈锋. 低碳经济: 人类经济发展方式的新变革

[J]. 中国工业经济, 2008 (4): 153 - 160.

[23] 龚建文. 低碳经济: 中国的现实选择 [J]. 江西社会科学, 2009 (7): 27 - 33.

[24] 辛章平, 张银太. 低碳经济与低碳城市 [J]. 城市发展研究, 2008, 15 (4): 98 - 02.

[25] 陈英姿, 李雨潼. 低碳经济与我国区域能源利用研究 [J]. 吉林大学学报 (社会科学版), 2009, 49 (2): 63 - 73.

[26] 谢军安, 郝东恒, 谢雯. 我国发展低碳经济的思路与对策 [J]. 当代经济管理, 2008, 30 (12): 1 - 7.

[27] 胡鞍钢. 中国如何应对全球气候变暖的挑战 [J]. 国情报告, 2007 (29).

[28] 苏瑾. 赢余: 低碳经济的成长 [J]. 世界环境, 2007, (4): 32 - 34.

[29] 庄贵阳. 中国经济低碳发展的途径与潜力分析 [J]. 国际技术经济研究, 2005, 11: 21 - 26.

[30] 游雪晴, 罗晖. "低碳经济" 离我们还有多远? [N]. 科技日报, 2007 - 07 - 22.

[31] 姬振海. 低碳经济与清洁发展机制 [J]. 中国环境管理干部学院学报, 2008, 18 (2): 2 - 4.

[32] 戴亦欣. 中国低碳城市发展的必要性和治理模式分析 [J]. 中国人口·资源与环境, 2009, 19 (3): 12 - 17.

[33] 胡庆康, 杜莉. 现代公共财政学 [M]. 上海: 复旦大学出版社, 1997: 86 - 87.

[34] Garrett Hardin. The Tragedy of the Commons, Science, Vol. 162, No. 3859 December 13, 1968. 1243 - 1248.

[35] 张桂梅, 崔日明. 我国出口竞争中量增价低现象的 "公地悲剧" 模型分析 [J]. 亚太经济, 2008 (4): 51 - 54.

[36] 保罗·萨谬尔森. 萧琛, 译. 经济学 [M]. 北京: 华夏出版社,

1999: 8-85.

[37] 大卫·李嘉图. 周洁, 译. 政治经济学及赋税原理 [M]. 北京: 商务印书馆, 1981: 84-86.

[38] 鲁传一. 资源与环境经济学 [M]. 北京: 清华大学出版社, 2004: 26.

[39] 高吉喜. 可持续发展理论探索: 生态承载力理论、方法与应用 [M]. 北京: 中国环境科学出版社, 2001: 13-15.

[40] Odum E. P. Great ideas in ecology for the 1990s. BioScience, 1992, 42 (7): 542-545.

[41] 阎金铎. 中国中学教学百科全书·物理卷 [M]. 沈阳: 沈阳出版社, 1990: 426.

[42] Rifkin Jeremy, Howard Ted. 吕明、袁舟, 译. 熵: 一种新的世界观 [M]. 上海: 上海译文出版社, 1987. 30.

[43] T. Panayotou. Empirical tests and policy analysis of environmental degradation at different stages of economic development. Switzerland: International Labour Office, 1993: 238.

[44] 朱方明, 李永波. 企业技术创新理论研究的回顾与展望 [J]. 西南民族学院学报 (哲学社会科学版), 2002 (3): 188.

[45] 傅家骥. 技术创新学 [M]. 北京: 清华大学出版社, 1998: 13.

[46] 程振源. 计量经济学: 理论与实践 [M]. 上海: 上海财经大学出版社, 2009: 141-156.

[47] 孙敬水. 计量经济学教程 [M]. 北京: 清华大学出版社, 2005: 275-297.

[48] Dickey D A, Fuller W A. Distribution of the estimators for autoregressive time series with a unit root. Journal of the American Statistical Association, 1979, 74, (3): 427-431。

[49] 高铁梅. 计量经济分析方法与建模——Eviews 应用及实例 [M]. 北

京：清华大学出版社，2006：126－204．

[50] 李子奈，潘文卿．计量经济学［M］．北京：高等教育出版社，2005：322－361．

[51] 易丹辉．数据分析与 Eviews 应用［M］．北京：中国统计出版社，2002：103－166．

[52] Wigley TML, Schimel DS. The Carbon Cycle. Cambridge：Cambridge University Press, 2000：53－62.

[53] Raupach Michael R., Marland Gregg, Ciais Philippe, et al. Global and Regional Drivers of Accelerating CO_2 Emissions. PNAS. 2007, 104 (24)：10288－10293.

[54] 张雷．中国一次能源消费的碳排放区域格局变化［M］．地理研究，2006, 25 (1)：1－9．

[55] Organization for Economic Cooperation and Development (OECD). OECD Environmental Indicators：Development Measurement and Use：OECD 官方网站，2004－05－20：

[56] OECD. Core set of indicators for environmental performance reviews. Paris：OECD, 1993：

[57] World Bank. Monitoring environmental progress：a report on work in progress. Washington, D. C：World Bank, 1995：

[58] Hammond A L, Eric R, William R M. Calculating national accountability for climate change Environment, 1991, (33)：10－15, 33－35.

[59] 李向辉，笪可宁．基于 PSR 框架的小城镇可持续发展相关策略［J］．沈阳建筑大学学报（社会科学版），2005, 7 (1)：48－51．

[60] 张志强，程国栋，徐中民．可持续发展评估指标、方法及应用研究［J］．冰川冻土，2002, 24 (4)：344－360．

[61] 邱东，宋旭光．观念创新与政策实施之桥：现代可持续发展指标［M］．北京：中国财政经济出版社，2002：54－78．

［62］Ministry for Environment of New Zealand. The Pressure – State – Response framework：新西兰质量规划网，2004 – 05 – 19.

［63］张丽君. 可持续发展指标体系建设的国际进展［J］. 国土资源情报，2004，(4)：7 – 15.

［64］仝川. 环境指标研究进展与分析［J］. 环境科学研究，2000，13 (4)：53 – 55.

［65］Hardi P, Pinter L. Models And Methods Of Measuring Sustainable Development Performance. International Institute For Sustainable Development, Winnipeg: IISD Publications Centre, 1995:

［66］李琳，陈东. 贫困地区可持续发展指标体系及其综合评估［J］. 中国人口·资源与环境，2004，14 (3)：69 – 74.

［67］张翔，夏军，王富永. 基于压力—状态—响应概念框架的可持续水资源管理指标体系研究［J］. 城市环境与城市生态，1999，12 (5)：23 – 25

［68］聂艳，周勇，朱海燕. 基于 GIS 和 PSR 模型的农用地资源评价研究［J］. 水土保持学报，2004，18 (2)：92 – 96.

［69］Sirkka H, Pekka J, Jari K. The ecological transparency of the information society. Futures, 2001, 33 (3)：319 – 337.

［70］李山. 二氧化碳浓度增加影响农作物生长［N］. 科技日报，2008，7 (10)：4.

［71］刘颖杰. 气候变化对中国粮食产量的区域影响研究［M］. 北京：首都师范大学，2008.

［72］高明超，杨伟光. 气候变化及其对农作物的影响［J］. 现代农业科技，2010，(1)：292 – 293.

［73］Bloom Arnold J, UC Davis. As carbon dioxide rises, food quality will decline without careful nitrogen management, California Agriculture 2009, 63 (2)：67 – 72.

［74］李秀存. 温室效应与农业生产的相互影响及其对策的探讨［J］. 广

西农学报, 1997, (4): 33-36.

[75] Y Kaya. Impact of carbon dioxide emission control on GNP growth: interpretation of proposed scenarios. Paris: Response Strategies Working Group, 1990:

[76] 邓聚龙. 灰色系统理论教程 [M]. 武汉: 华中理工大学出版社, 1990: 33-84.

[77] 宋永昌, 戚仁海等. 生态城市的指标体系与评价方法 [J]. 城市环境与城市生态, 1999, 12 (5): 16-19.

[78] Pingali, Prabhu L. Environmental consequences of agricultural commercialization in Asia. Environment and Development Economics, 2001, (6): 483-502.

[79] 郭亚军. 综合评价理论与方法 [M]. 北京: 科学出版社, 2002: 51-71.

[80] 杜栋, 庞庆华, 吴炎. 现代综合评价方法与案例精选 [M]. 北京: 清华大学出版社, 2008: 11-23.

[81] 许树柏. 层次分析法原理 [M]. 天津: 天津大学出版社, 1988: 341-342.

[82] 邵晓峰. 供应链中供应商选择方法研究 [J]. 数量经济技术经济研究. 2001, (8): 80-83.

[83] Bermejos, Cabestany J. Oriented principal component analysis for large margin classifiers. Neural Networks, 2001, 14 (10): 1447-1461.

[84] 张卫民. 北京城市可持续发展综合评价研究 [M]. 北京: 北京工业大学, 2002.

[85] 曾珍香, 顾培亮. 可持续发展的系统分析与评价 [M]. 北京: 科学出版社, 2000: 249-250.

[86] 2050 中国能源和碳排放课题组. 2050 中国能源和碳排放报告 [M]. 北京: 科学出版社, 2009: 45-77.

[87] 庄贵阳. 低碳经济引领世界经济发展方向 [J]. 世界环境, 2008,

(2): 34-36.

[88] 陈国伟. 低碳城市研究理论与实践初探 [J]. 江苏城市规划, 2009, (7): 41-44.

[89] 袁晓玲, 仲云云. 中国低碳城市的实践与体系构建 [J]. 城市发展研究, 2010, 17 (5): 42-48.

[90] 夏堃堡. 发展低碳经济实现城市可持续发展 [J]. 环境保护, 2008, (2): 33-35.

[91] Schmalesee. R, Stoker T. M, Judson. R. A World Carbon Dioxide Emissions: 1950-2050. Review of Economics and Statistics, 1998, (1): 1155-1163.

[92] 鲍建强, 苗阳. 低碳经济的新变革 [J]. 中国工业经济, 2007, (2): 133-140.

[93] 周冯琦. 上海建设低碳城市的挑战和机遇 [J]. 上海节能, 2010, (2): 9-13.

[94] Michael Grubb, Lucy Butler, Paul Twomey. Diversity and security in UK electricity gENEration: The influence of low-carbon objectives. ENErgy Policy, 2006, 34 (18): 4050-4062.

[95] 连玉明. 低碳城市的战略选择与模式探索 [J]. 城市观察, 2010, (2): 5-18.

[96] 邢继俊, 黄栋, 赵刚. 低碳经济报告 [M]. 北京: 电子工业出版社, 2010: 180.

[97] 赵黛青, 张哺, 蔡国田. 低碳建筑的发展路径研究 [J]. 建筑经济, 2010, (2): 47-49.

[98] 张庆费, 徐绒娣. 城市森林建设的意义和途径探讨 [J]. 大自然探索, 1999, 18 (2): 82-86.

[99] 王松良, C. D. Caldwel l, 祝文烽, 低碳农业: 来源、原理和策略 [M]., 农业现代化研究, 2010, 31 (5): 604-607.

[100] 国务院办公室. 中华人民共和国气候变化初始国家信息通报

[M]. 北京: 中国计划出版社, 2004: 15-20.

[101] 董红敏, 李玉娥, 陶秀萍等. 中国农业源温室气体排放与减排技术对策 [J]. 农业工程学报, 2008, 24 (10): 269-273.

[102] 程克群, 马友华, 栾敬东, 低碳经济背景下循环农业发展模式的创新应用 [J]. 科技进步与对策, 2010, 27 (22): 52-55.

[103] 王昀. 低碳农业经济略论 [J]. 中国农业信息, 2008, (8): 12-15.

[104] 漆雁斌, 毛婷婷, 殷凌霄. 能源紧张情况下的低碳农业发展问题分析. 农业技术经济, 2010, (3): 106-115.

[105] 刘英, 拓宽低碳农业发展之路 [J]. 环境保护, 2010, (6): 29-31

[106] 尹成杰. 农业多功能性与推进现代农业建设 [J]. 中国农村经济, 2007, (7): 4-9.

[107] 姚延婷, 陈万明, 农业温室气体排放现状及低碳农业发展模式研究 [J]. 科技进步与对策, 2010, 27, (22): 48-51.

[108] 翁伯琦, 雷锦桂, 胡习斌等, 依靠科技进步, 发展低碳农业 [J]. 生态环境学报 2010, 19 (6): 1495-1501.

[109] Michael Grubb, Lucy Butler, Paul Twomey. Diversity and security in UK electricity gENEration: The influence of low-carbon objectives. ENErgy Policy, Vol. 34, Issue 18, December 2006, 4050-4062.

[110] Timothy J. Foxon, Geoffrey P. Hammond, Peter J. G. Pearson. Developing transition pathways for a low carbon electricity system in the UK. Technological Forecasting and Social Change, Vol. 77, Issue 8, October 2010, 1203-1213.

[111] Koji Shimada, Yoshitaka Tanaka, Kei Gomi, et al. Developing a long-term local society design methodology towards a low-carbon economy: An application to Shiga Prefecture in Japan. ENErgy Policy. Vol. 35, Issue 9, September 2007, 4688-4703.

[112] Doratli N, Hoskara S O, Fasli M. An analytical methodology for revi-

talization strategies in historic urban quarters: a case study of the Walled City of Nieosia. North CyPrus, 2004, 21 (4): 329 - 344.

[113] Ghazinoory S, Huisingh D. National Program for cleaner Production (CP) in Iran: a frame work and draft. Journal of Cleaner Production, 2006, 4 (2): 194 - 200.

[114] 邓越月, 金仁淑. 低碳经济: 我国经济发展的必然选择 [J]. 社会科学家, 2010, (5): 101 - 104.

[115] 何建坤. 打造低碳竞争优势 [N]. 人民日报, 2010 - 04 - 12.

[116] 刘朝晖. 可再生能源消费比重向目标靠近 [N]. 农民日报, 2009 - 02 - 18.

[117] 宋成华. 中国新能源的开发现状、问题与对策 [J]. 学术交流, 2010, (3): 57 - 60.

[118] 梁鹏, 杨希伟, 张洪河. 中国新能源开发现状调查 [EB/OL]. 新华网财富论坛, 2009 - 09 - 06, http://news.xinhuanet.com/fortune/2009 - 09/06/content_ 12005104_ 1. htm

[119] 杨振龙. 我国发展低碳经济的机遇与挑战 [J]. 商业经济, 2010, (10): 10 - 11.

[120] 樊纲. 渐进改革的政治经济学分析 [M]. 上海: 远东出版社, 1996: 18.

[121] 柯武刚, 史漫飞. 制度经济学——社会秩序与公共政策 [M]. 北京: 商务印书馆, 2000: 78.

[122] Douglass C. North. 刘守英, 译. 制度、制度变迁与经济绩效 [M]. 上海: 三联书店, 1994: 43.

[123] Lewis W. Arthur. 周师铭, 译. 经济增长理论 [M]. 上海: 三联书店, 1990: 146.

[124] Wolf Charles. 谢旭, 译. 市场或政府者 [M]. 北京: 中国发展出版社, 1994: 43 - 44.

[125] Propst D. B, JacksonD. L, McDonough, M. H. Public participation, volunteerism and resource-based recreation management in the US: what do citizens expect? Society and Leisure, 2004, 26 (2): 389-415.

[126] 张庆杰. 浅析环境影响评价中的"公众参与" [J]. 云南环境科学, 2001, (12): 93-94, 119.